生态环境教育课程系列教材

环 境 保 护 概 述

林静雯　编著

东 北 大 学 出 版 社

· 沈 阳 ·

图书在版编目（CIP）数据

环境保护概述 / 林静雯编著. — 沈阳：东北大学出版社，2014.7
（2025.4重印）生态环境教育课程系列教材
ISBN 978-7-5517-0643-8

Ⅰ.①环… Ⅱ.①林… Ⅲ.①环境保护—高等学校—教材 Ⅳ.①X

中国版本图书馆 CIP 数据核字（2014）第 142317 号

出 版 者：东北大学出版社
地址：沈阳市和平区文化路 3 号巷 11 号
邮编：110004
电话：024—83687331（市场部） 83680267（社务室）
传真：024—83680180（市场部） 83680265（社务室）
E-mail：neuph @ neupress.com
http：//www.neupress.com
印 刷 者：三河市天润建兴印务有限公司
发 行 者：东北大学出版社
幅面尺寸：170mm×235mm
印 张：13.25
字 数：211 千字
出版时间：2014 年 8 月第 1 版
印刷时间：2025 年 4 月第 3 次印刷
组稿编辑：郭爱民
责任编辑：潘佳宁 郭爱民
封面设计：唯 美
责任校对：朗 坤
责任出版：唐敏志

ISBN 978-7-5517-0643-8 定 价：36.00 元

前　言

高等院校作为培养未来社会栋梁之才的摇篮，进行环境保护教育刻不容缓。这是解决环境问题的重要手段之一，是可持续发展的根本保障，也是全民素质教育的一个重要组成部分。进行环境保护教育的目标就是普及环境科学的基础知识，使学生了解本地和全球的环境问题，培养学生的环境意识，这些知识是当代大学生素质教育的重要组成部分。

本书从培养大学生环境保护意识出发，使学生在学习环境科学及保护的基础知识中，了解当今世界的生态危机和环境问题。本书不但介绍了生态、资源与能源等与环境保护的关系，还涉及了水资源和大气及其污染防治、固体废物处置与管理、其他公害（如噪声、电磁辐射等）防治技术的基本原理和方法以及环境管理和评价的基本理论与实践。

该书内容浅显易懂，具有通用性，是在多年讲义教学实践基础上编写而成的。本书可作为高等学校非环境类各专业进行环境教育的教材，也可作为环境科学及工程专业学生的基础专业课参考教材，还可以供有关科技人员和行政管理人员学习参考。

本书由林静雯主持编写，共分8章。王英刚参与了绪论与大气部分的编写，董怡华参与了生态和资源部分的编写，陈志英参与了水环境和物理性污染部分的编写，肖敏参与了固体废弃物、环境管理和评价部分的编写。

感谢沈阳大学教务处白铁钧处长的指导与帮助。虽然在编写过程中尽了最大的努力，但由于编者水平所限和经验不足，书中难免有不妥甚至错误之处，望读者给予批评指正。

编　者

2014.3 于沈阳

序　　言

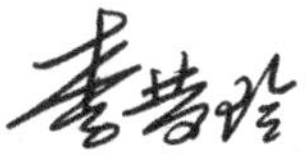

“大学之道，在明明德，在亲民，在止于至善。”《大学》开篇即点明高等教育所追求的崇高向学之义和终极社会实现。在中国步入可持续快速发展的征途中，绿色、生态和环保已成为衡量社会进步与发展的重要标准。顺势而动，贯彻和渗透绿色生态意识与可持续发展理念，全面构建绿色生态校园，则成为大学引领人类步入生态文明新时代的重要责任。沈阳大学作为一所地方综合性大学，典型的城中大学，学科门类齐全，专业设置明显，理应在引领社会文明、服务地方经济建设上承担更多的责任。在充分挖掘自身潜在优势的基础上，紧密结合沈阳市创建全国环境建设样板城的有利时机，学校党委作出了创建绿色生态校园的决定，开启了一条服务社会、引领城市可持续发展的新路。近两年，学校先后启动实施了10个绿色校园建设项目——水源热泵供暖项目、雨水收集项目、污水处理与回用项目、太阳能供电项目、太阳能供热项目、固体垃圾回收项目、节能降耗工程项目、校园绿化美化项目、绿色教育项目、绿色科技项目、绿色生态文化建设项目。这10个项目的实施已经取得了显著的经济效益和社会效益，为支撑沈阳市创建国家环境样板城，彰显了地方大学的学科及专业优势，充分发挥了城市大学服务社会、引领城市可持续发展的示范作用。

为了能够让“绿色教育”的理念融入到学校人才培养的实践中，2010年学校专门成立了“绿色教育”课程组，并在全省率先将“绿色教育”纳入素质教育课程学分，将“环境保护与可持续发展”类课程列为全校本科和专科学生公共基础课程。保护自然环境，培育人文生态，创建绿色学校，业已成为沈阳大学师生的共同行动和美好愿景。“绿色教育”课堂提升了学生的绿色环保素养，“绿色教育”课程为人才培养注入了新的价值追求。绿色、生态和环保之光必将照亮沈大学子人生发展之路。

在“绿色教育”课程组各位专家、学者近3个月的艰辛努力下，《生态环境教育课程系列教材》中的前2种“绿色课程”教材即将付梓。这两种书紧密围绕辽沈地区特点，集纳了各位编者优秀的科研成果，也着力体现了他们对培养21世纪具有绿色环保素养人才所寄予的热忱期望，在这里对他们的辛勤付出表示衷心地感谢！同时也期待“绿色课程”系列教材不断持续发展，期待“绿色教育”能够成为沈阳大学的教育特色和品牌优势，为新世纪培养更多倡导绿色生活、创建低碳社会具有浓厚人文关怀精神和强烈历史使命感的建设者和接班人！

构建绿色生态校园，具有较强的牵动和示范作用，它不仅能升华我们师生的环境意识，而且改善我们师生共同的校园环境，更为重要的是，它将通过我们每一个师生去带动千千万万个家庭，去影响千千万万个社区和乡村，吸引更多的人加入环保队伍中，将更多的智慧和力量凝聚到环保事业上来，使更多的人能享受蓝天、碧水和绿色！

在这里，我衷心希望通过构建绿色生态校园行动，能极大地加深广大师生对环境问题和可持续发展思想的认识和理解，进一步提高师生的环境素养，在今后的工作和生活中更加重视环境保护，为人类的文明进步，为社会的协调发展，作出我们沈大人应有的贡献！

目　录

第一章　绪　论

第一节　环境和环境问题

一、环　境

（一）环境的概念

21 世纪，人类面临着有史以来最为严峻的环境危机，环境问题受到了人们的普遍关注。“环境”一词使用的频率越来越高。所谓环境，是相对于中心事物而言的，与某一中心事物有关的周围事物，就是这个事物的环境。环境是一个相对的概念，它以某一中心事物作为参照系，因中心事物的变化而变化。

环境科学研究的环境，是以人类为主体的外部世界即人类环境，环境科学是把环境作为一个整体进行综合研究的。研究的人类环境主要是指自然环境中的生物圈，即围绕着人群的空间，其中可以直接、间接影响人类生活和发展的各种自然因素的总体，环境除自然因素外，还应包括有关的社会因素即社会环境。

自然环境是指直接或间接影响到人类的一切自然形成的物质及其能量的综合。现在的地球表层大部分被人类干预过，原生的自然环境已经不多了。

社会环境是指人类在自然环境的基础上，通过长期有意识的社会劳动所创造的人工环境。社会环境是人类物质文明和精神文明发展的标志，并随着人类社会的发展不断地丰富和演变。具体的环境分类如图 1-1 所示。

《中华人民共和国环境保护法》指出：“环境是指大气、水、土地、矿藏、森林、草原、野生动物、野生植物、水生生物、名胜古迹、风景游览区、温泉、疗养区、自然保护区、生活居住区等。”这

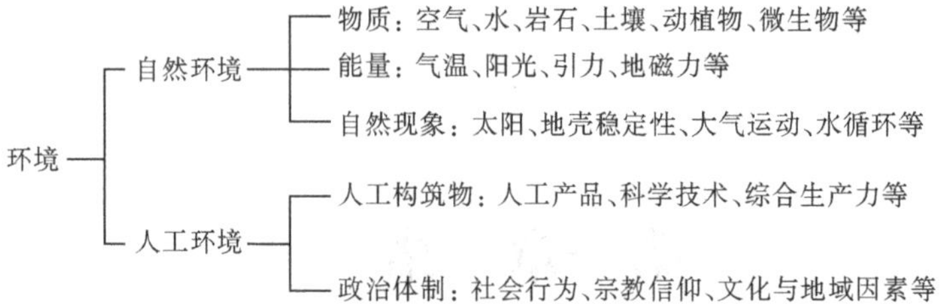

图 1-1　环境的分类

是目前与人类关系最密切的、必须加以保护的那一部分自然环境。它包括未被人类改造和已被人类改造过的自然环境。

（二）环境要素与环境容量

1. 环境要素

环境要素，又称环境基质，是指构成人类环境整体的各个独立的、性质不同的而又服从整体演化规律的基本物质组分。环境要素分为自然环境要素和人工环境要素。目前研究较多的是自然环境要素，故环境要素通常指自然环境要素。

自然环境要素主要包括水、大气、生物、土壤、岩石和阳光等要素。环境要素组成环境的结构单元，环境的结构单元又组成环境整体或环境系统。例如：由水组成水体，全部水体称为水圈；由大气组成大气层，全部大气层又称为大气圈；大量的具有不同功能的建筑物和建筑群是构成城市环境的要素。

2. 环境容量

环境容量指某一环境对污染物的最大承受限度，在这一限度内，环境质量不致降低到有害于人类生活、生产和生存的水平，环境具有自我修复外界污染物所致损伤的能力。

一般的环境系统都具有一定的自净能力。如一条流量较大的河流被排入一定数量的污染物，由于河中各种物理、化学和生物因素的作用，进入河中的污染物浓度可迅速降低，保持在环境标准以下。这就是环境（河流）的自净作用使污染物稀释或转化为非污染物的过程。环境的自净作用越强，环境容量就越大。

一个特定环境的环境容量的大小，取决于环境本身的状况。如流量大的河流比流量小的河流环境容量大一些。污染物不同，环境对它的净化能力也不同。例如同样数量的重金属和有机污染物排入河道，重金属容易在河底积累，而有机污染物可很快被分解，河流所能容纳的重金属和有机污染物的数量不同，这表明环境容量因物而异。

（三）环境的分类

环境是一个非常复杂的体系，具有多种层次、多种结构，可以作各种不同的划分。目前还没有形成统一的分类方法。一般按照环境的要素、环境的范围、环境的主体、人类对环境的利用或环境的功能进行分类。

按照环境要素进行分类比较复杂。如按环境要素的属性可分成自然环境和社会环境两类。

在自然环境中，按其主要的环境组成要素，还可再分为大气环境、水环境（如海洋环境、湖泊环境等）、土壤环境、生物环境（如森林环境、草原环境等）、地质环境等。

社会环境常根据人类对环境的利用或环境的功能再进行分类，分为聚落环境（如院落环境、村落环境、城市环境）、生产环境（如工厂环境、矿山环境、农场环境、林场环境、果园环境等）、交通环境（如机场环境、港口环境）、文化环境（如学校及文化教育区、文物古迹保护区、风景游览区和自然保护区）等。

按照环境的范围大小来分类比较简单。如把环境分为特定空间环境（如航空、航天的密封舱环境等）、车间环境（劳动环境）、生活区环境（如居室环境、院落环境等）、城市环境、区域环境（如流域环境、行政区域环境等）、全球环境和宇宙环境等。

二、环境问题

（一）环境问题的产生

地球形成46亿年以来，伴随着自然界的各种自然作用，如火山喷发与地震，这是地球的自我调节与变化；另一方面，人类是环境的产物，人类出现后，通过生产和消费活动，从自然界获取生存资源，然后又将经过改造和使用的自然物和各种废弃物还给自然界，从而参与了自然界的物质循环和能量流动过程，不断地改变地球环境。人类在改造环境的过程中，对地球资源无限制地掠夺式开发、无序消耗、任意践踏地球的资源，而地球环境仍以固有的规律运动着，不断地反作用于人类，因此产生了环境问题。所以说，环境问题也是人的问题。

（二）环境问题的发展

环境问题一般从引起环境问题的根源理解为原生环境问题和次生环境问题。

原生环境问题是自然界发生异常变化引起的，如火山爆发、山崩、地震、海啸、台风、水旱灾害等自然灾害。

次生环境问题主要指人类对自然资源利用的不合理和对废弃物处理的不妥当，以及由于生产发展和人口增加所带来的生态的破坏与环境的污染问题。

从人类诞生开始就存在着人与环境的对立统一关系，就出现了环境问题。从古至今，随着社会生产力的发展变化，在人类社会不同的历史时期，环境问题经历了 3 个阶段。

1. 生态环境的早期破坏阶段

此阶段从人类出现开始直到工业革命，跟后两个阶段相比，这是一个漫长的时期。在该阶段，人类经历了从以采集狩猎为生的游牧生活到以耕种和养殖为生的定居生活的转变。例如，西亚的美索不达米亚平原、中国的黄河流域，是人类文明的发源地。后由于大规模地毁林垦荒，而又不注意培育林木，造成严重的水土流失，以致良田沃野逐渐沦为贫瘠土壤。

2. 近代城市环境问题阶段

此阶段从工业革命（从农业占优势的经济向工业占优势的经济的迅速过渡称为工业革命）开始到 20 世纪 80 年代发现南极上空的“臭氧空洞”为止。工业革命以后，社会生产力的迅速发展，机器的广泛使用，为人类创造了大量财富，而工业生产排出的废弃物却造成了环境污染。19 世纪下半叶，世界最大工业中心之一的伦敦，曾多次发生因排放煤烟引起的严重的烟雾事件。在世界人口数量不多、生产规模不大的时候，人类活动对环境的影响并不太大，即使发生环境问题也只是局部性的。

3. 当代环境问题阶段

从 1984 年英国科学家发现、1985 年美国科学家证实南极上空出现“臭氧空洞”开始，人类环境问题发展到当代环境问题阶段。人类发展到今天，人口急剧增长，工业高度发达，其影响生存环境的能力，已经达到了全球化的规模，远远超过了从前的水平，自然灾害发生的频率和受灾的人数都在增加，实际上环境问题已不仅仅局限于各类自然灾害、环境污染或公害上，由人类引起的生态平衡的破坏，最后都发展成为直接或间接影响人类生存和发展的环境问题。比如人类将地球森林现有30%以上的陆地作为农田、放牧地和人工经营的林地，这样导致了素有“地球之肺”之称的森林被大量砍伐，植被被破坏，等等，从而造成了严重的水土流失，一遇暴雨就丧失保持水土的能力，酿成人为的灾害。

（三）环境问题的性质

环境问题就其性质而言，首先，具有不断发展和不可根除性。它与人的欲望、经济的发展、科技的进步同时产生、同时发展。其次，环境问题的范围广泛而全面，它存在于生产、生活、政治、工业、农业和科技等各个领域。再次，环境对人类行为具有反作用，迫使人类在生产方式、生活方式和思维方式等一系列问题上进行相应的改变。

环境问题的另一个性质是可控性，即人们可以通过宣传教育增强环境意识，充分发挥人的智慧和创造力，借助法律的、经济的、技术的手段把环境问题控制在影响最小的范围内。环境问题是由于人类活动产生的，也就可以由人类去阻止它的发展和扩大。

（四）环境问题的分类

引起人们关注的影响范围大和危害严重的环境问题主要有3类。

1. 全球性的大气污染

全球性的大气污染包括温室效应、臭氧层耗损、空气污染和酸雨等问题。

大气中二氧化碳含量持续增高，已由19世纪的0.028%增加到现在的0.032%（按体积计），引起了全球性的气候变暖（见图1-2和图1-3）；人类排放的大量硫氧化物、氮氧化物，经风传送，随雨水降落，形成酸雨，带来了严重的生态危机后果；每年春天南极上空大气中的臭氧都消失40%～50%；全球每年有300多万人死于跟空气污染有关的疾病。这一切已经引起世界各国的普遍关注。

2. 大面积的生态破坏

大面积的生态破坏包括土壤过分流失与土地沙漠化、森林资源锐减、生物多样性被破坏和淡水供应不足等问题。

世界上每分钟有$10hm^2$（$1km^2=100hm^2$）的土地被沙漠吞噬；森林和林地曾占世界陆地面积的1/3以上，但现在只有1/10了；现在

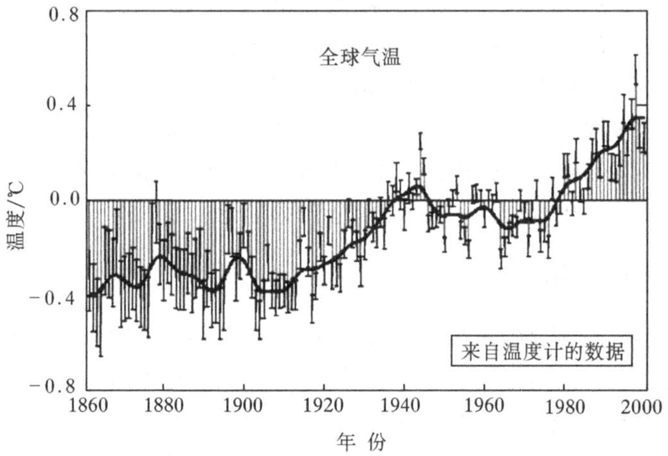

图 1-2　1860 年以来全球气温的变化

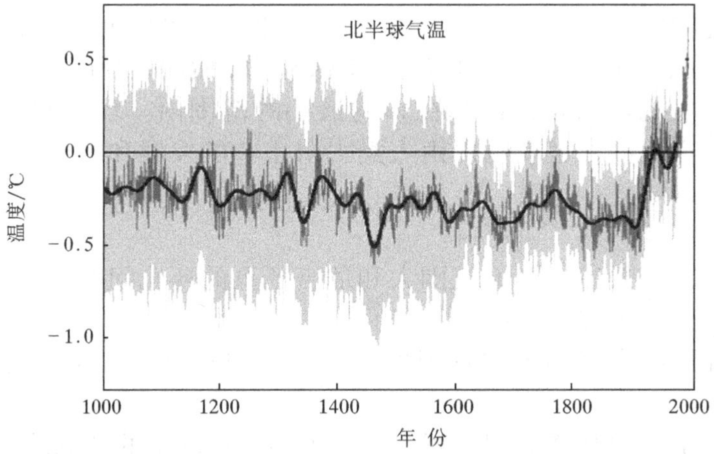

图 1-3　过去 1000 年北半球气候变化的趋势

世界上每15分钟就有一种动物灭绝，每天有 1～2 种植物消失。全球有 11 亿人无法得到安全的饮用水。这对人类将是无法弥补的损失。

3. 突发性的严重污染事故迭起

20 世纪典型的几大环境公害不仅带给人类无尽的灾害，也迫使人们深刻思考和警醒。下面是 20 世纪几大典型的环境公害的描述。

（1）1952 年伦敦烟雾事件。自 1952 年以来，伦敦发生过 12 次大的烟雾事件。1952 年 12 月那一次，5 天内就有 4000 人死亡，2 个月内又有 8000 多人死去。“祸首”就是燃煤排放的粉尘和二氧化硫。

（2）1953—1956 年日本水俣病事件。日本氮肥公司排放的含汞废水，形成甲基汞，经过食物链富集使人中毒。最先发病的是猫，中毒的猫发疯痉挛，纷纷跳海自杀。1956 年，出现了与猫的症状相似的病人。因为开始时病因不清，所以用当地地名命名。1991 年，日本环境厅公布的中毒病人仍有 2248 人，其中 1004 人死亡。

（3）1984 年印度博帕尔事件。1984 年 12 月 3 日，印度博帕尔市某农药厂的地下储罐内剧毒甲基异氰酸酯爆炸外泄。45t 毒气形成一股浓密的烟雾，以 5km/h 的速度袭击了博帕尔市区。近 2 万人死亡，20 多万人受害，5 万人失明，还导致孕妇流产或产下死婴，受害面积 $40km^2$，数千头牲畜被毒死。

（4）1986 年前苏联切尔诺贝利核泄漏事件。1986 年 4 月 26 日，前苏联基辅市郊的切尔诺贝利核电站反应堆爆炸起火，致使大量放射性物质泄漏。直接导致 31 人死亡，237 人受到严重放射性伤害。而且在 20 年内，还有 3 万人可能因此患上癌症。基辅市和基辅州的中小学生全部被疏散到海滨，核电站周围的庄稼全部被掩埋，少收粮食 2000t，距电站 7km 内的树木全部死亡。此后半个世纪，10km 范围内不能耕作放牧，100km 范围内不能生产牛奶，次核污染飘尘也给邻国带来严重灾难。这是世界上最严重的一次核污染。

（5）1986 年剧毒物污染莱茵河事件。1986 年 11 月 1 日，瑞士巴塞尔市桑多兹化工厂仓库失火，近 30t 剧毒的硫化物、磷化物与含有汞的化工产品随灭火剂和水流入莱茵河。顺流而下 150km，60 多万条鱼被毒死，500km 内河岸两侧的井水不能饮用，靠近河边的自来水厂关闭，啤酒厂停产。当时估计，有毒物沉积在河底，将使莱茵河因此而“死亡”20 年。

（五）我国的环境问题

我国环境问题具有“共同但又独特”的特性。发达国家上百年工业化过程中分阶段出现的环境问题，在我国改革开放 30 多年的快速发展中集中出现，呈现结构性、压缩性、复合性、区域性和全球性五大基本特征。目前我国的环境问题主要分为两类，即生态破坏和环境污染。

1. 生态破坏问题

（1）水土流失面积增加。水土流失是我国生态环境最突出的问题之一。水土流失所引起的危害影响深远。其最直接的后果是破坏土地资源，使耕地表土大量营养物质流失，降低土壤肥力，最终导致土地生产力的下降。其次造成下游河道与水库的淤积，危及行洪安全，降低水库库容。据估计，全国土壤年流失量达 50 亿 t，其中仅黄土高原年流失量就达 23 亿 t，长江流域为 22 亿 t。全国水土流失面积已从新中国成立初期的 116 万 km^2，增加到现在的约 160 万 km^2，增长了 38%，占国土面积的 1/6。

（2）土地荒漠化加剧。过度农耕、放牧、樵采和水资源利用不当等使我国沙化土地迅速蔓延。我国北方地区沙漠、戈壁、荒漠化土地总面积为 153.3 万 km^2，占全国陆地国土面积的 16%，其中土地沙质荒漠化面积已达 20 万 km^2，且蔓延速度不断加快。

（3）耕地减少，土壤质量下降。1957 年以后，耕地面积逐年减少。进入 20 世纪 90 年代，更由于大搞“开发区”，占地多达 1100 万亩。随着人口不断增长，人均耕地从 1952 年的 2.82 亩下降到 1995 年的 1.18 亩。人地矛盾日益突出。

（4）森林资源不容乐观。由于砍伐破坏，人均林地面积不足 0.114hm^2，只有世界平均水平的 14.2%；人均占有森林蓄积量 8.30m^3，只有世界平均水平的 13.7%。

（5）草原退化日趋严重。我国草地资源约 4 亿 hm^2，居世界第二位。长期以来，对草原掠夺性的粗放经营，破坏了草地生态平衡，使草地生态系统严重恶化，存在着退化、沙化和盐碱等一系列生态环境问题。草原严重退化面积 9000 多万 hm^2，占可利用草场面积的 1/3。

（6）野生及珍稀物种的生存面临威胁。由于森林砍伐、草原退化、环境污染、自然灾害以及过度捕猎、捕捞等，我国大量动植物的生态环境受到破坏，种群数量减少，很多物种已经或濒临灭绝。据估计，我国的植物物种中约 15%～20%处于濒危状态，高于世界 10%～15%的平均水平。

（7）水资源供需矛盾突出。由于人口的急剧膨胀和社会经济的高速增长，对水资源的需求迅速上升，一方面水短缺，另一方面浪费严重，水环境污染也不断加剧水资源的紧缺，供需矛盾日趋尖锐。我国有 300 多个城市缺水，其中 100 多个城市供水矛盾突出，造成直接经济损失 200 余亿元。在农村，还有 8000 万农村人口饮水困难。我国著名的 5 大湖鄱阳湖、洞庭湖、太湖、洪泽湖、巢湖的蓄水量都在减少，湖面缩小了 1/4 甚至一半；我国江河湖库水域普遍受到不同程度的污染，78%的城市河段不适宜作饮用水源，50%的城市地下水受到污染，工业较发达城镇附近的水域污染突出；我国四大海域（东海、渤海、黄海和南海）的近岸海域污染加重。

（8）气候变暖，自然灾害日益频繁。近40年来，中国的气候存在着变暖的总趋势，直接带来的后果是使我国灾害发生次数增多，频率加快，危害加重，这与人类各种不合格开发活动导致自然生态失衡有密切关系。

2. 环境污染问题

（1）乡镇工业环境污染迅速蔓延。改革开放以来，我国乡镇企业得到了迅速发展。乡镇企业大多采用城市淘汰的落后技术或从事污染密集型行业粗放经营，对农村环境破坏显著，局部地区污染已到了相当严重的地步，甚至对生态系统造成毁灭性破坏。其发展趋势之迅猛、影响面之大、后果之严重、治理难度之大，已成为中国环境污染的主要污染源。

（2）农业化学物质污染形势严峻。由于不合理使用化肥、农药、地膜所造成的农业自身污染在我国农业环境总体影响中已占相当比例。化肥和农药中氮、磷的流失，促使了我国湖泊的富营养化。

20世纪70年代，我国湖泊富营养化面积约为135km^2，而随着近年来经济社会快速发展，目前富营养化面积已达约8700km^2，40年间富营养化面积增长约60倍。以太湖为例，近20年来太湖水污染严重，20世纪80年代还是以二类水为主，到2000年以后水体已是以五类至劣五类为主，水华占到总面积三分之一。现在太湖、巢湖已是中度富营养化，洞庭湖、鄱阳湖也具备一定程度的富营养化条件。

（3）环境污染不断加剧。我国目前的空气污染相当于发达国家20世纪五六十年代污染最严重时的水平。大气污染以煤烟性污染为主，全国大城市汽车尾气污染趋势加重，酸雨区面积迅速扩大，已超过国土面积的40%。

城市中80%以上的工业废水和生活污水未经处理排入水体，使流经主要城市的70%河段受到不同程度的污染。

我国废弃物排放量大，工业废渣和城市垃圾大都堆积在城市的郊区和河流荒滩上，已成为严重的污染源，由于综合利用和处置率低，累计堆存量达65亿t，占地5万余hm^2；全国有三分之二的城市陷于垃圾围城。随着中国化学工业的发展，有毒有害废弃物数量也有所增长。有毒有害固体废弃物的无害化和科学的安全处置，成为中国亟待解决并具有严重潜在性危害的环境问题。

我国噪声污染较严重，约三分之二的城市人口暴露在较高的噪声环境中；区域环境噪声达标率不到 50%；90%的城市道路交通噪声超过了国家规定的 70dB，全国每年因道路交通噪声污染导致的经济损失约合人民币 216 亿元；社会生活噪声呈明显上升趋势。

（4）一系列的公共环境污染事件引起了社会的广泛关注。

2008 年 11 月，吉林省中石油吉林石化分公司发生爆炸，导致松花江水源遭化学品污染，哈尔滨市停水 4 天的重大水污染事件。

2010 年 7 月，福建上杭的紫金山铜矿发生污水渗漏事故后，已导致当地棉花滩库区死鱼和鱼中毒约达 189 万 kg，汀江部分江段恶臭弥漫，已对生态环境造成了极大破坏。

同月，大连新港至中石油大连保税区油库输油管线在油轮卸油作业时发生闪爆，造成管线内原油泄漏发生火灾，引发管廊道管线爆裂，原油和污水流入海域。这次污染事件给海洋生态和旅游环境带来了严重的影响。

以上只是我国公共环境污染几个典型的事件。近几年，我国的环境污染事故密集发生，造成的损失、危害和影响触目惊心，已引起社会高度关注。

上述中国所面临的环境问题，是中国经济快速发展乃至成为现代化强国的巨大障碍，同时也决定了中国必须把治理生态环境放在十分重要的战略地位。

第二节　环境科学

当今世界上大气、水、土壤和生物所受到的污染和破坏已达到危险的程度。自然界的生态平衡受到日益严重的干扰，自然资源受到大规模破坏，自然环境正在退化。环境科学就是为解决人类面临的严重的环境问题，为创造更适宜、更美好的环境而逐渐发展起来的。它的兴起和发展，标志着人类对环境的认识、利用和改造进入了一个新的阶段。

一、环境科学的产生和发展

伴随着环境问题的日益严重，环境科学应运而生。所以说环境科学是为环境问题的产生而产生，伴随着环境问题的发展而发展的。环境科学产生于 20 世纪 70 年代，随着人类在控制环境污染方面所取得的进展，环境科学这一新兴学科也日趋成熟，并形成自己的基础理论和研究方法。它将分门别类研究环境和环境问题，逐步发展到从整体上进行综合研究。

二、环境科学研究的对象和任务

环境科学以人类为主要对象，把环境与人类生活的相互影响作为一个整体来研究，从而和社会科学发生十分密切的联系。环境科学的主要任务如下。

（1）探索全球范围内环境演化的规律。环境总是不断地演化，环境变异也会随时随地发生。在人类改造自然的过程中，为使环境向有利于人类的方向发展，就必须了解环境变化的过程，包括环境的基本特性、环境结构的形式和演化机理等。

（2）揭示人类活动同自然生态之间的关系。环境为人类提供生存条件，其中包括提供发展经济的物质资源。人类通过生产和消费活动，不断影响环境的质量。人类生产和消费系统中物质和能量的迁移、转化过程是异常复杂的。但必须使物质和能量的输入同输出之间保持相对平衡。这个平衡包括两项内容：一是排入环境的废弃物不能超过环境自净能力，以免造成环境污染，损害环境质量；二是从环境中获取的可更新资源不能超过它的再生增殖能力，以保障永续利用，从环境中获取不可更新资源要做到合理开发和利用。因此，社会经济发展规划中必须列入环境保护的内容，有关社会经济发展的决策必须考虑生态学的要求，以求得人类和环境的协调发展。

（3）探索环境变化对人类生存的影响。环境变化是由物理的、化学的、生物的和社会的因素以及它们的相互作用所引起的。因此，必须研究污染物在环境中的物理、化学的变化过程在生态系统中迁移转化的机理，以及进入人体后发生的各种作用，包括致畸作用、致突变作用和致癌作用。同时，必须研究环境退化同物质循环之间的关系。这些研究可为保护人类生存环境、制定各项环境标准、控制污染物的排放量提供依据。

（4）研究区域环境污染综合防治的技术措施和管理措施。工业发达国家防治污染经历了几个阶段：20 世纪 50 年代主要是治理污染源；60 年代转向区域性污染的综合治理；70 年代侧重预防，强调区域规划和合理布局。引起环境问题的因素很多，实践证明需要综合运用多种工程技术措施和管理手段，从区域环境的整体出发，调节并控制人类和环境之间的相互关系，利用系统分析和系统工程的方法寻找解决环境问题的最优方案。

三、环境科学的分科

环境科学主要运用自然科学和社会科学有关学科的理论、技术和方法来研究环境问题，形成与有关学科相互渗透、交叉的许多分支学科。环境科学现有的各分支学科，正处于蓬勃发展时期。这些分支学科在深入探讨环境科学的基础理论和解决环境问题的途径和方法的过程中，还将出现更多的新的分支学科。如图 1-4 所示，目前环境科学主要的分支学科如下。

- 环境科学
  - 环境自然和技术科学
    - 环境地学
      - 环境地质学
      - 环境地球化学
      - 环境海洋学
      - 环境土壤学
    - 环境生物学
      - 污染生态学
      - 生物防治学
      - 自然保护学
    - 环境物理学
      - 环境声学
      - 环境光学
      - 环境热学
      - 环境电磁学
      - 环境空气动力学
    - 环境化学
      - 环境分析化学
      - 环境污染化学
    - 环境医学
      - 环境流行病学
      - 环境毒理学
      - 环境医学监测
      - 公害病及其预防
      - 环境卫生标准
    - 环境数学
    - 环境工程学
      - 大气污染防治工程
      - 水污染防治工程
      - 固体废物的处理和利用
      - 环境污染综合防治
      - 环境系统工程
    - 环境监测
  - 环境社会和经济科学
    - 环境管理学
      - 环境规划
      - 环境评价
    - 环境经济学
    - 环境法学
    - 环境伦理学
    - 环境教育学
    - 环境心理学

图 1-4　环境科学的分科

自然和技术科学方面——环境地学，环境生物学，环境化学，环境物理学，环境医学，环境工程学等；

社会和经济科学方面——环境管理学，环境经济学，环境法学等。

（一）环境地学

环境科学的一个分支，以人-地系统为对象，研究其发展、组成和结构、调节和控制、改造和利用的科学。主要研究内容有：地理环境和地质环境等的组成、结构、性质和演化，环境质量调查，评价和预测，以及环境质量变化对人类的影响等，分支学科有环境地质学、环境地球化学、环境海洋学、环境土壤学、污染气象等。

（二）环境生物学

环境科学的一个分支，研究生物与受人类干预的环境之间的相互作用的机理和规律。它以生态系统作为主要的理论基础和核心，因而有人认为环境生物学就是生态学。研究内容有污染生态学，即环境污染的生态效应，环境污染的生物净化，环境质量的生物监测和生物评价等；还有生物防治学和自然保护学。它向两个方向发展，从宏观上研究环境中污染物在生态系统中的迁移、转化、富集和归宿，以及对生态系统结构和功能的影响。从微观上研究污染物对生物的毒理作用和遗传变异影响的机理和规律。

（三）环境化学

环境科学的一个分支学科。它主要是运用化学的理论和方法，鉴定和测量化学污染物在大气圈、水圈、土壤-岩石圈和生物圈中的含量，研究它们在环境中的存在形态及其迁移、转化和归宿的规律，探讨污染物的回收利用和分解为无害的简单化合物的机理。它有两个分支：环境污染化学和环境分析化学。

（四）环境工程学

环境科学的一个分支。研究运用工程技术和有关学科的原理和方法，保护和合理利用自然资源，防治环境污染，以改善环境质量的学科。主要研究内容包括大气污染防治工程、水污染防治工程、固体废物的处理和利用以及噪声控制等。环境工程学还研究环境污染综合防治的方法和措施，以及利用系统工程方法，从区域整体上寻求解决环境问题的最佳方案。

此外，环境工程学还研究控制污染的技术经济问题，开展技术发展的环境影响评价工作。

（五）环境物理学

环境科学的一个分支。是研究物理环境同人类的相互作用的科学。根据研究对象的不同分为环境声学、环境光学、环境热学、环境电磁学和环境空气动力学。

（六）环境医学

研究环境与人群健康的关系，特别是研究环境污染对人群健康的有害影响及其预防的一门科学，也是预防医学的一个重要组成部分。研究领域有环境流行病学、环境毒理学、环境医学监测、公害病及其预防、环境卫生标准等。

（七）环境管理学

研究运用行政、法律、经济、教育和科学技术手段，协调社会经济发展同环境保护之间的关系，处理国民经济各部门、各社会集团和个人有关环境问题的相互关系，使社会经济发展在满足人们的物质和文化生活需要的同时，防治环境污染和维护生态平衡。主要内容可分为环境计划的管理、环境质量的管理和环境技术的管理3方面。

（八）环境经济学

环境经济学是经济学和环境科学的交叉学科。研究经济发展和环境保护之间的相互关系，探索合理调节人类经济活动和环境之间的物质交换的基本规律，其目的是使经济活动取得最佳的经济效益和环境效益。

（九）环境法学

研究关于保护自然资源和防治环境污染的立法体系、法律制度和法律措施，目的在于调整因保护环境而产生的社会关系。

环境科学现有的各分支学科，正处于蓬勃发展之中，这些分支学科在深入探讨环境科学的基础理论和解决环境问题的途径和方法的过程中，还将出现更多的新的分支学科。

第三节 环境保护是我国的一项基本国策

一、环境保护的概念

简单地说，环境保护是利用环境科学的理论和方法，协调人类与环境的关系，解决各种问题，保护和改善环境的一切人类活动的总称。包括，采取行政的、法律的、经济的、科学技术的等多方面措施，合理地利用自然资源，防止环境的污染和破坏，以求保持和发展生态平衡，扩大有用自然资源的再生产，保证人类社会的发展。

环境保护涉及的范围广、综合性强，并有其独特的研究对象。它至少包含以下3个层面的意思。

第一，对自然环境的保护，防止自然环境的恶化。包括：对青山、绿水、蓝天、大海的保护。这里就涉及了不能私采（矿）滥伐（树）、不能乱排（污水）乱放（污气）、不能过度放牧、不能过度开荒、不能过度开发自然资源、不能破坏自然界的生态平衡，等等。这个层面属于宏观的，主要依靠各级政府行使自己的职能进行调控解决。

第二，对人类居住、生活环境的保护，使之更适合人类工作和劳动的需要。这就涉及人们的衣、食、住、行、玩的方方面面，都要符合科学、卫生、健康、绿色的要求。这个层面属于微观的，既要靠公民的自觉行动，又要依靠政府的政策法规作保证，依靠社区的组织教育来引导，要各行各业齐抓共管，才能解决。

第三，对地球生物的保护，物种的保全，植物植被的养护，动物的回归，生物的多样性，转基因的合理慎用，濒临灭绝生物的特别、特殊保护，灭绝物种的恢复，栖息地的扩大，人类与生物的和谐共处，等等。

二、我国环境保护的历程

中国的环境保护经历了20世纪70年代初“三废”处理、70年代末“依法保护环境”、80年代“城市环境综合整治”和90年代“可持续发展战略”的发展历程。大体分为以下3个阶段。

（一）环保事业的创建时期（20 世纪 70 年代）

1972 年 6 月，联合国在瑞典斯德哥尔摩召开第一次人类环境会议，会议发表了《人类环境宣言》，我国首次派代表团参加了该会议。通过会议，中国认识到自己也存在严重的环境问题。

1973 年，在周恩来总理的亲自过问下，在北京召开了全国第一次环境保护会议。会议检查了我国环境保护的情况，通过了《关于保护和改善环境的若干规定》，确定了“全面规划，合理布局，综合利用，化害为利，依靠群众，大家动手，保护环境，造福人民”的环境保护工作方针。这次会议标志着我国环境保护事业的开端。

1974 年，国务院环境保护领导小组正式成立。

1978 年，党中央批准了国务院环境保护领导小组关于《环境保护工作汇报要点》，这是我党历史上第一次以党中央的名义对环境保护工作作出的指示。

1979 年，中国第一部环境保护方面的法律——《中华人民共和国环境保护法》——正式颁布。

（二）环境保护事业的开拓期（20 世纪 80 年代）

1983 年 12 月 31 日，国务院在北京召开了第二次全国环境保护会议。会议在总结过去经验的基础上，明确了环境保护是我国现代化建设中的一项战略任务，是我国的一项基本国策，从而确立了环境保护在社会经济发展中的重要地位。

与此同时，国家制定了经济建设、城乡建设和环境建设同步规划、同步实施、同步发展，实现经济效益、社会效益、环境效益相统一的指导方针，实行“预防为主，防治结合”、“谁污染，谁治理”和“强化环境管理”的环境保护三大基本政策。

（三）环境保护事业的发展期，也称可持续发展时代（20 世纪 90 年代）

1992 年 6 月，联合国环境与发展大会把可持续发展作为未来共同的发展战略，得到了包括中国在内的与会国家政府的赞同。1992 年 8 月，联合国环境发展大会之后，我国政府提出了中国环境与发展应采取的十大对策，明确指出走可持续发展道路是当代中国以及未来的必然选择。

1994 年 3 月，我国政府批准发布了《中国 21 世纪议程——中国21世纪人口、环境与发展白皮书》，从人口、环境与发展的具体国情出发，提出了中国可持续发展的总体战略、对策以及行动方案。

1996年3月，第八届全国人民代表大会第四次会议审议通过的《国民经济和社会发展“九五”计划和2010年远景目标纲要》，把实施可持续发展作为现代化建设中的一项重大战略，使可持续发展战略在我国经济建设和社会发展过程中得以实施。

2005年，《国务院关于落实科学发展观加强环境保护的决定》强调了以科学发展观统领环保工作的指导思想，用科学发展观来指导和加强环境保护工作。突出了以人为本的思想，明确了环保工作的目的是要让人民群众喝上干净的水、呼吸清洁的空气、吃上放心的食物，在良好的环境中生产生活。该《决定》反映出我国政府对环境形势认识的深化，从而对环境问题采取了更有针对性的策略。

改革开放的30多年是我国环保事业大发展的30多年，也是不懈探索中国环保新道路的30多年。中国同西方发达国家国情不同、发展阶段不同、目标任务和待解决的问题不同，西方发达国家走过的“先污染后治理、牺牲环境换取经济增长”的环保老路，已被历史所诟病，我国需要推陈出新，独辟蹊径，探索走环境与经济融合的环保新道路。

三、环境保护是我国的一项基本国策

国策是立国、治国之策。只有那些对国家经济建设、社会发展和人民生活具有全局性、长期性和决定性影响的策略，才能上升为国策。保护环境就具有这样的性质，国家之所以把环境保护定为一项基本国策，其原因如下。

（1）自然环境是人类赖以生存的基本条件，是带有全局性的问题。大气、水、土地、矿藏、森林、草原、野生动物、野生植物、水生生物等自然环境，缺少哪一个方面，人类都将难以生存，更不用说对国家的经济建设、社会发展和人民生活产生的直接或间接影响。

（2）环境保护是具有长期性的问题。我国人口众多，面积广阔。但耕地较少，草地、森林也较少。如果农业生态环境遭到破坏，将会带来一系列严重后果。所以，防治环境污染，维护生态平衡是保证农业生产的前提。对工业生产来说也很重要，如果水体破坏、污染严重，工业也难以得到迅速发展。环境好坏还直接影响当代人和子孙后代的健康，制约经济的发展和人民物质文化生活水平的提高。

（3）环境保护是我国现代化建设中的一项战略任务。我国是社会主义国家，发展生产的目的在于造福人民。因此，要把环境保护事业同两个文明建设联系起来，做到既发展经济，又保护环境，既取得良好的经济效益和社会效益，又取得良好的环境效益，使经济、社会和环境协调发展，使全国环境状况同社会发展相适应。

21 世纪的今天，历史赋予了我们神圣的使命。人类只有一个地球。尊重自然，就是尊重人类自身；保护生态，就是保护我们赖以生存的家园。为了我们自己，也为了我们的子孙后代生活得更好，为了把我们共同的家园建设得更美好，我们呼唤和平共处，呼唤人与自然携手共进，呼唤在重视发展的同时，重视环境保护，最终实现可持续发展。

第二章 生态环境与保护

第一节 生态学概述

一、生态学的产生和发展

（一）生态学

生态学的英文单词“ecology”来自于希腊单词 oikos（住所，栖息地、家庭）和 logy（……的学问、研究）。在创建之初，生态学就表达了其是研究生物有机体与其栖息场所之间相互关系的科学。实际上生态学就是一门研究生物与其生活环境相互关系及其作用机理的科学，也是研究生态系统的结构和功能模式的一门科学，是生物学的主要分支之一。

（二）生态学的产生和发展

生态学研究初期偏重于植物，后来逐渐涉及动物，所以有植物生态学和动物生态学之分。由于人类环境问题和环境科学的发展，生态学扩展到人类生活和社会形态等方面，把人类这一生物物种也列入生态系统中，来研究阐明整个生物圈内生态系统的相互关系问题。

公元前 2 世纪—公元 16 世纪，是生态学发展的萌芽时期。1866 年，德国动物学家 E.Haeckel 首次提出生态学定义。

1895 年，丹麦植物学家 Warming 发表的《植物生态学》和 1898 年波恩大学教授 A.F.W.Schinpwr 出版的《以生理为基础的植物地理学》，全面总结了 19 世纪末之前的生态学研究成就，标志着生态学作为生物学的一门分支学科于 16—20 世纪初诞生。

20 世纪以来，现代生态学的发展使生态学领域更广泛、内容更丰富。

现代生态学是一门多学科的自然科学，它以生物学科为基础，研究生命系统与环境系统之间相互作用的规律及机理。同时现代科学技术的新成就也已经渗透到生态学的领域中，赋予它新的内容和动力，成为多学科、当代较活跃的科学领域之一。

现代生态学研究的主要趋势为以下几个方面。

（1）生态系统生态学成为生态学发展的主流。

（2）系统分析与生态学结合发展了系统生态学。

（3）群落生态学有明显的发展。

（4）现代生态学向宏观和微观两极发展。

（5）应用生态学迅速发展，形成许多应用生态学分支，例如污染生态学、农业生态学、工业生态学、城市生态学、经济生态学、环境生态学等。

二、生态学与环境科学的区别

环境科学随着环境问题的出现而出现，它也推动了生态学的发展，生态学的基本原则不仅被看做是环境科学的重要理论基础，也被看成是社会经济持续发展的理论基础。生态学和环境科学有很多共同的地方，它们所研究的问题基本上是相近的。只不过生态学是以一般生物为对象的，着重于研究自然环境因素与生物的相互关系，单纯属于自然科学的范畴。环境科学则以人类为主要研究对象，把环境与人类生活的相互影响作为一个整体来研究，从而与社会科学发生十分密切的联系。

三、生态学的层次

生态学的研究对象从单个分子到整个地球生物圈，一般可划分为 4 个层次：个体、种群、群落和生态系统。其中，生物的个体水平研究其对环境的反映，单个物种构成的种群水平主要研究影响种群丰富度和种群波动的因素，而由不同物种构成的生物群落水平主要确定群落的结构和功能，各个生物群落和非生物环境所构成的生态系统水平主要研究其中的能量流动、食物网和养分循环。

随着现代科学技术的不断发展，生态学突破了原来纯生物科学的范畴，向微观与宏观两极发展。例如，微观研究已深入到细胞与基因的水平，而宏观研究已从生物群落与环境条件的统一，发展为生物圈与非生物因素之间相互作用的地球系统，即全球生态学。生态学的层次如图 2-1 所示。

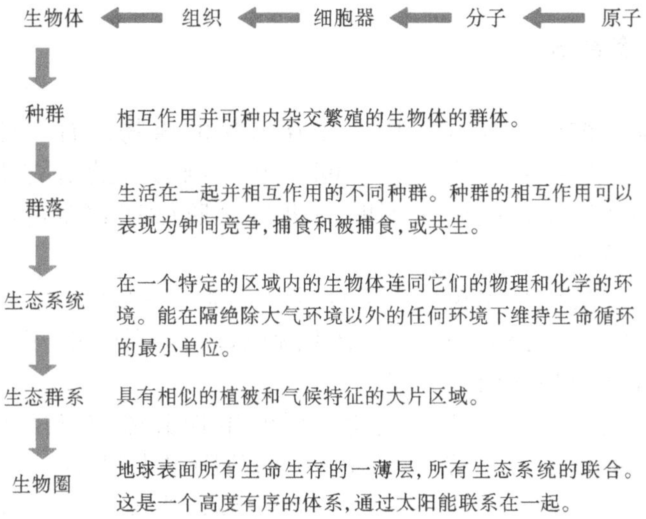

图 2-1　生态学的层次

四、环境生态学

（一）环境生态学

环境生态学是生态学的应用学科之一，是研究人为干扰下生态系统内在的变化机理、规律和对人类的反作用，寻求受损生态系统的恢复、重建和保护对策的科学，即运用生态学理论，阐明人与环境之间的相互作用关系及解决环境问题的生态途径。

（二）环境生态学与生态学的区别

环境生态学是以人为中心来探讨其生活环境的科学，是研究人类与环境相互关系的科学，研究人为干扰下，生态系统内在的变化原理、规律及寻求受损生态系统的恢复、重建和保护对策的科学，生态学是以一般生物为对象的，着重于研究自然环境因素与生物的相互关系和自然科学。

第二节　生态系统基础理论

一、生态系统

系统是指彼此间相互作用、相互依赖的事物，有规律地联合的集合体。生态系统就是在一定空间中共同栖居着的所有生物（即生物群落）与其环境之间由于不断地进行物质循环和能量流动过程而形成的统一整体。

生态系统的概念是英国生态学家 Tansley 在 20 世纪 30 年代提出的，到了 50 年代得到了广泛的传播和承认，到了 60 年代已发展成为一个综合性很强的研究领域。

生态系统是一个广义的概念，任何生物群体与其所处的环境组成的统一体都是生态系统。生态系统的范围可大可小，小至一滴水、一把土、一片草地、一个湖泊、一片森林，大至一个城市、一个地区、一个流域、一个国家乃至生物圈。生态系统是生态学研究的中心。生态系统具有一定的组成、结构和功能。

二、生态系统的分类

地球表面的生态系统多种多样，人们可以从不同角度把生态系统分成若干个类型。

按生态系统形成的原动力和影响力，可以分为自然生态系统、半自然生态系统和人工生态系统 3 类。

凡是未受人类干预和扶持，在一定空间和时间范围内，依靠生物和环境本身的自我调节能力来维持相对稳定的生态系统，均属自然生态系统，如原始森林、海洋等生态系统；按人类的需求建立起来，受人类活动强烈干预的生态系统为人工生态系统，如城市、农田、人工林、人工气候室等；经过了人为干预，但仍保持了一定自然状态的生态系统为半自然生态系统，如天然放牧的草原、人类经营和管理的天然林等。常见的几种生态系统如下。

（1）自然生态系统：生物群落与其生存环境的综合体，可分为森林生态系统、草原生态系统、荒漠生态系统、农田生态系统、河流和湖泊生态系统、海洋生态系统等。

（2）城市生态系统：城市居民与城市环境在特定空间的组合就是城市生态系统。

（3）工业生态系统：工业生产者及管理员与工业环境在特定空间的组合就是工业生态系统。

（4）农业生态系统：农业生产者、农业生物种群和非生物在特定空间的组合就是农业生态系统。

三、生态系统研究的主要内容

目前生态系统研究的主要内容如下：

（1）自然生态系统的保护和利用；

（2）生态系统调控机制的研究；

（3）生态系统退化的机制、恢复及其恢复研究；

（4）全球性生态问题研究；

（5）生态系统可持续发展的研究。

四、生态系统的组成成分

地球上任何一个生态系统都是由生产者、消费者、分解者和无机环境 4 部分组成的（如图 2-2 所示）。其中生产者、消费者、分解者是有生命部分，无机环境是非生命部分，在生态系统中，生产者、消费者、分解者的作用是不同的。

- 生态系统组成成分
  - 非生物成分
    - 无机物质（氧气、二氧化碳、无机盐等）
    - 有机物质（腐殖质）
    - 气候因素（阳光、温度、水等）
  - 生物成分（功能类群）
    - 生产者
      - 绿色植物
      - 化能合成生物
    - 消费者
      - 初级消费者（草食动物）
      - 次级消费者（小型肉食动物）
      - 三级消费者（大型肉食动物）
    - 分解者
      - 腐生性微生物
      - 腐食性动物

图 2-2　生态系统的组成成分

（一）非生物环境

包括无机元素和化合物、有机物质、气候因子或其他物理条件。

（二）生产者

生产者是以简单的无机物制造食物的自养生物。它是生态系统的必要成分，它们将光能转化为化学能，是生态系统所需要的一切能量的基础。例如陆地的各种植物，水生的高等植物和藻类，光能细菌和化能细菌。

（三）消费者

消费者是针对生产者而言的，即它们不能以无机物制造有机物质，而是以自养生物或其他生物为食而获得生存能量的异养生物。主要是各类动物。

生态学还给消费者划分了等级，以生产者为食的生物称之为初级消费者（如昆虫、食草动物等），以初级消费者为食的生物称为第二级消费者，也叫次级消费者（如以胡萝卜为食的野兔是初级消费者，而以野兔为食的狐狸则是第二消费者），接下去可以有第三消费者，第四消费者，甚至更高级的消费者。某些动物可以是多级消费者。例如当人们吃蔬菜时，是初级消费者；当人们吃牛肉时，是第二级消费者；当他们吃食肉的鱼类时，他们就是第三级消费者。

（四）分解者

分解者又称还原者。分解者是异养生物，包括细菌、真菌、放射线和原生动物。其作用是把动植物残体的复杂有机物分解为生产者能够重新利用的简单化合物，并释放能量，其作用与生产者正相反。

（五）生产者、消费者和分解者的关系

整个生态系统中，存在着一个由生产者、消费者和分解者组成的相互依存的链条关系。如果其中一个环节受到破坏，其他环节必然受到牵连。它们是相互联系、相互作用和相互影响的。

生产者、消费者和分解者的关系如图 2-3 所示。

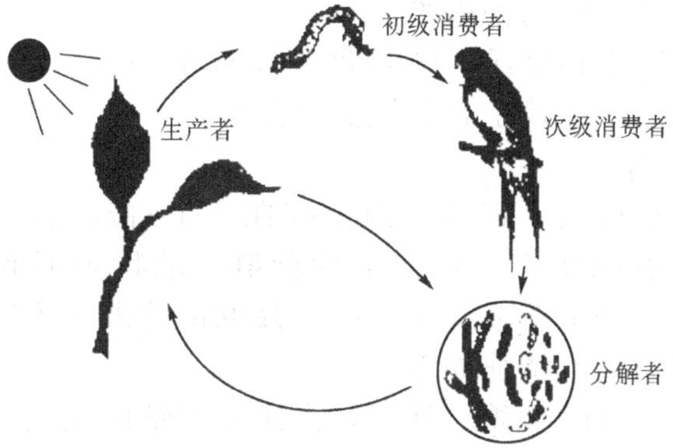

图 2-3　生产者、消费者和分解者的关系

五、生态系统的结构

（一）物种结构

主要是以群落中的优势种群、在生态功能上的主要种群或类群作为研究对象。

1. 种　群

种群是在特定时间内，占据一定空间的同一物种的个体集合。

种群具有一定的分布区域与分布形式的空间特征。种群具有单位面积（或空间）的数量将随时间改变的数量特征。种群具有一定的基因组成的遗传特征。

种群是生态学各层次中最重要的一个层次。种群是群落结构与功能的最基本单位。

自然种群的数量不可能保持恒定，自然种群的数量变动有 8 种情况，分别是种群的数量增长、季节消长、不规则波动、周期性波动、种群爆发、种群平衡、种群的衰落与灭亡、生态入侵。

生态入侵：由于人类有意识或无意识地把某种生物带入适宜其栖息和繁衍的地区，种群不断扩大，分布区逐步稳定地扩展，危害当地的生产和生活，改变当地的生态环境的过程就是生态入侵。简而言之，生态入侵就是指外来物种对生态环境的入侵所造成的生物多样性的丧失或削弱。

外来物种对生物多样性的影响表现在以下两方面。

（1）外来入侵物种本身形成优势种群，使本地物种的生存受到影响并最终导致本地物种灭绝。

（2）通过压迫和排斥本地物种，导致生态系统的物种组成和结构发生变化，最终导致生态系统受到破坏。

2. 生物群落

生物群落是指在一定时间内生存在一个特定地区或自然环境里的所有生物种群的集合。包括植物种群、动物种群和微生物种群。也可简述为：一个生态系统中具有生命的部分即为生物群落。

生物群落的基本特征如下。

（1）具有一定的外貌。外形首先决定群落的类型。

（2）具有一定的种类组成。群落均由动物、植物和微生物组成，种类成分及数量是生物多样性的基础。

生物多样性：生物多样性是指生物以及各种生态过程中的多样性和变异性的总和。

目前研究较多的主要有遗传多样性、物种多样性、生态系统多样性和景观多样性 4 个层次。遗传多样性是指存在于生物个体内、单个物种内以及物种之间的基因多样性。物种多样性是指动植物及微生物种类的丰富性，它是人类生存和发展的基础。生态系统多样性是指生态系统类型的多种多样，是指具有观赏价值、人文价值和生态价值的各类自然景观资源和人文景观资源的多样性。

生物资源在全球的分布是不均匀的，中国是全球 12 个“生物多样性”大国之一，这 12 个“生物多样性”大国拥有全世界 60%～70%的生物种类，其中占地球陆地表面积 7%的热带雨林拥有全世界一半以上的物种。

（3）具有一定的群落结构，包括形态结构、生态结构和营养结构。

（4）形成群落环境。群落对环境必然有改造作用。

（5）不同物种之间的相互影响——相互适应和相互竞争。

（6）一定的动态特征。生命本身是不断运动、演化和进化的。

（7）一定的分布范围。不同群落总是分布在特定的环境中。

（8）边界特征。明显的边界少见，大多数情况下存在过渡带。

（二）营养结构

食物网及其相互关系就是生态系统的营养结构。

（1）各种生物按其食物关系排列的链状顺序称为食物链。

（2）食物链彼此交错联结，形成一个网状结构就是食物网，如

图 2-4 所示。

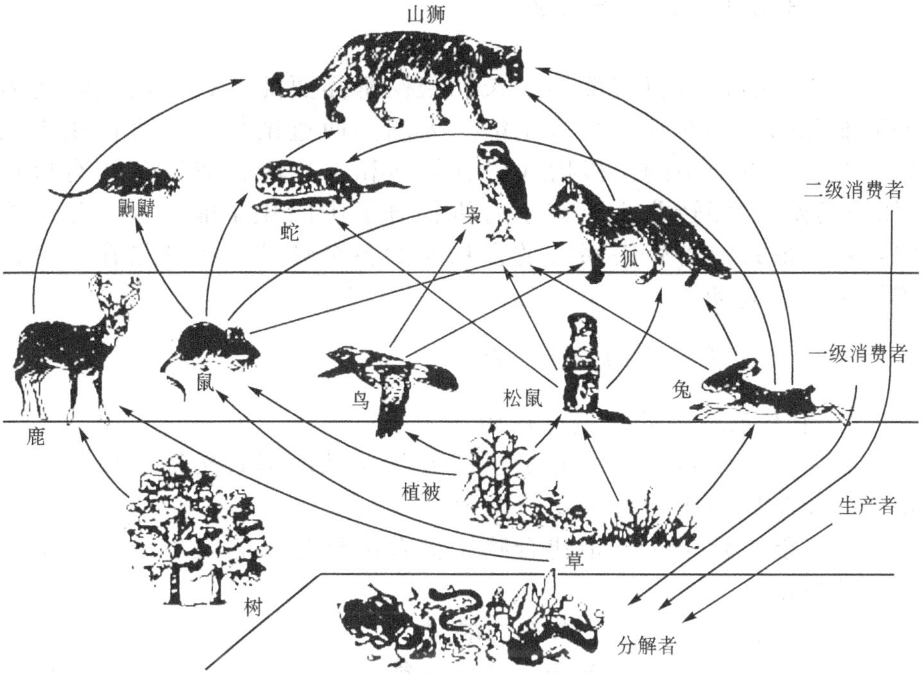

图 2-4　一个陆地生态系统的部分食物网

（三）空间结构

空间结构实际上就是生物群落的空间格局状况，包括群落的垂直结构和水平结构。

1. 群落的垂直结构

群落在空间上的分层现象。植物的分层结构是自然选择的结果，可以显著提高植物利用环境资源的能力；动物的分层现象与阳光、温度、食物和气候等因素有关。例如，森林群落从顶部到底部划分为乔木层、灌木层、草本层和地被层（苔藓地衣）4 个基本层次。

2. 群落的水平结构

群落在水平空间的配置状况，又叫水平格局或二维结构，其主要表现特征是镶嵌性。镶嵌性即植物种类在水平方向不均匀配置，使群落在外形上表现为斑块相间的现象。例如，在森林中，林下阴暗的地点有一些植物种类形成小型的组合，而在林下较明亮的地点是另外一些植物种类形成的组合。

六、生态系统的基本功能

生物有机体进行代谢、生长和繁殖都需要能量；一切生物所需要的能源归根到底都来自太阳能。太阳能通过植物的光合作用进入生态系统，将简单的无机物（二氧化碳和水）转变成复杂的有机物（如葡萄糖），即转化为贮存于有机物分子中的化学能。这种化学能以食物的形式沿着生态系统的食物网的各个环节，也就是在各个营养级中依次流动。

（一）生态系统中的能量流动

1．生态系统中的能量存在形式

辐射能：来自光源的光量子以波状运动的形式传播的能量，在植物光化学反应中起着重要的作用。

化学能：化学能是指化合物中储存的能量，它是生命活动中基本的能量形式。

机械能：运动的物质含有的能量。

电能：电子沿导体流动时产生的能量，电子运动对生命有机体的能量转化是非常重要的。

生物能：凡是参与生命活动的任何能量都是生物能。

2．生态系统的能量流动遵循热力学定律

生态系统中全部生命活动所需要的能量均来自太阳。太阳能在生态系统中的流动是按热力学定律进行的。

热力学第一定律告诉人们："在一个封闭系统中（通常把以地球为中心包括太阳在内的宇宙环境看成是一个封闭系统），能量和物质是不能产生或消灭的。即能量和物质不能凭空产生，也不能凭空消亡。"

热力学第二定律告诉人们，"熵在增加"。根据这一定律，从一种能向另一种能的任何转换都不是完全有效的，能的消耗是不可逆的过程。在能量的转换过程中，总有一些能量失掉了。如果没有新的能量从外部投入，一个封闭系统最终会耗尽其能量。因为生命需要能量，能量耗尽了，生命也就停止了。当然，地球并不是封闭系统，地球从太阳获得能量。

3．生态系统的能量流动渠道

生态系统是通过食物关系使能量在生物之间发生转移的，食物链是生态系统能量流动的渠道。在流动过程中有一部分能量要被生物的呼吸作用消耗掉，这种消耗是以热能形式散失的；还有一部分能量则作为不能被利用的废物浪费掉。所以处于较高的各个营养级中的生物所能利用的能量是逐级减少的。可见，生态系统中的能量流动是单方向的，是不能一成不变地被反复循环利用的。一般来说，食物的化学能在各个营养级流动时，其有效利用率仅为 10%左右。

如果把通过各营养级的能量流动由低到高画成图，就成为一个金字塔，生态系统能量流动的单向性可用生态金字塔的图示表示。由于能流通过各营养级会急剧减少，所以食物链就不可能太长，生态系统中的营养级一般只有四级、五级，很少超过六级。图 2-5 是生物量金字塔（以生物有机体的重量为单位）的示意图，图 2-6 是能量金字塔（以单位时间、单位面积或体积所积累的能量为标准）的示意图。

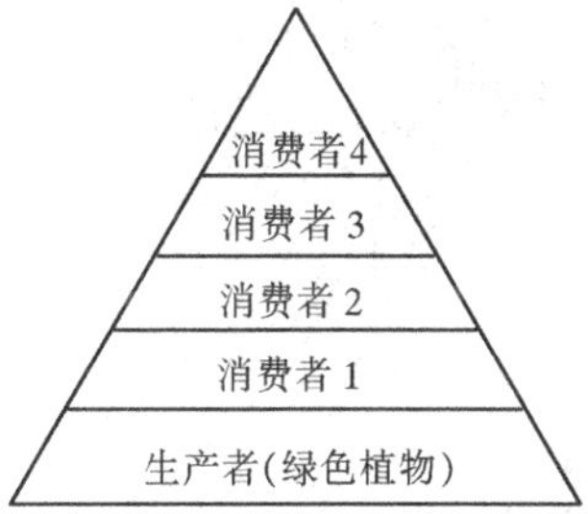

图 2-5　自然生态系统的生物量金字塔

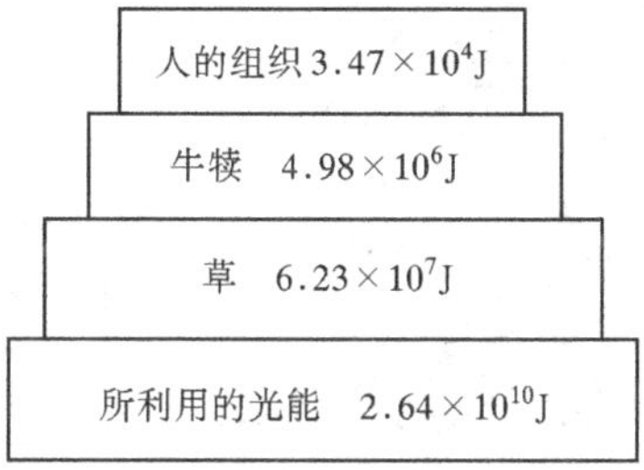

图 2-6　能量金字塔

生态系统中某一营养级在单位时间内所产生的有机物总量称为总生产量。总生产量减去由呼吸作用而消耗的有机物的重量称为净生产量。绿色植物（生产者）的生产量为第一性生产量，其他营养级（消费者、分解者）的生产量则是第二性生产量。

各种生态系统的第一性生产量举例如下：公海和沙漠生态系统的生产量最低，每昼夜约为 0.1～0.3g/m²；高山、海涂和深湖泊生态系统的生产量约为每昼夜 0.5～3g/m²；森林、浅湖泊和灌溉农田生态系统的平均生产量每昼夜约为 3～10g/m²；河口海湾、冲积平原的植物区系和集约程度高的农田（如甘蔗田）生态系统的生产量最高，每昼夜约为 10～20g/m²。

生态系统的生产量取决于太阳能的强度、水和营养物质的存在量、气候条件以及生态系统利用现有物质的能力等因素。施肥、灌溉、耕作等虽然能增加生产量，但如果采取的措施超过了生态系统的负荷能力，也会带来污染或破坏物质循环而引起不良的后果。

（二）生态系统中的物质循环

如果说生态系统中的能量来源于太阳，那么物质则是由地球供应的，生态系统从大气、水体、和土壤中获得营养物质，通过绿色植物吸收，进入生态系统，被其他生物重复利用，最后再归还于环境中，此为物质循环。又称生物地球化学循环。

生物地球化学循环的类型：水循环、气体型循环和沉积型循环。

1．水循环

包括截取、渗透、蒸发、蒸腾和地表径流。水循环是由太阳能推动的，大气、海洋和陆地形成一个全球性水循环系统。并成为地球上各种物质的中心循环，如图 2-7 所示。

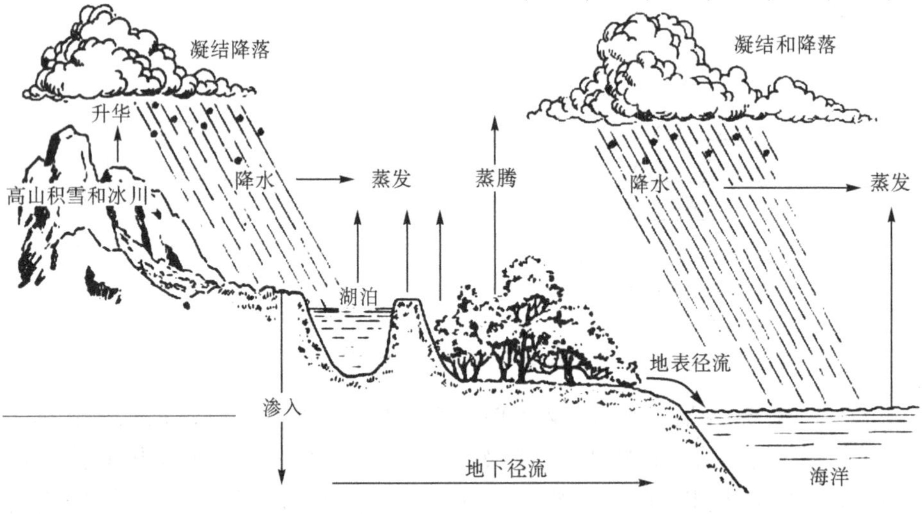

图 2-7　生态系统水循环模式图

地球上的水循环通过三条主要途径完成，即降水、蒸发和水蒸气输送。从空中以雨或雪的形式降落的水量中的大部分（80%）降落到海洋里，然后又蒸发到大气中。还有一部分以地表径流或地下水的形式从陆地流向海洋。另一条途径是大气中的气流带着水蒸气从海洋到陆地。

人类对水循环的影响是多方面的。如修筑水库、塘堰可扩大自然蓄水量；而围湖造田又使自然蓄水容积减小；地下水的过度开采利用，使某些人口集中的地区出现了地下水水位和水质的下降，如目前我国许多北方大中城市的地下水分布出现“漏斗”。

2. 气体型循环

其贮存库是大气和海洋。气相循环把大气和海洋相联系，具有明显的全球性。元素或化合物可以转化为气体形式，通过大气进行扩散，弥漫于陆地或海洋上空，在很短的时间内可以为植物重新利用，循环比较迅速，例如二氧化碳、氮气、氧气等。

由于有巨大的大气贮存库，故可对干扰相当快地进行自我调节（但大气的这种自我调节也不是无限度的）。因此，从地球意义上看，这类循环是比较完全的循环。值得指出的是，气相循环与全球性的三个环境问题（温室效应、酸雨、臭氧层破坏）密切相关。

碳循环：碳的主要循环形式是从大气中的二氧化碳储库开始，经过生产者的光合作用，把碳固定，生成糖类，经过消费者和分解者，在呼吸和残体腐败分解后，再回到大气蓄库中，如图 2-8 所示。地球上碳的储存量约为 2.6×10^{16}t。岩石圈和化石燃料中碳的量占碳总量的 99.9%，岩石圈中的碳主要以碳酸盐形式存在。海洋中碳的含量约为大气的 50 倍；大气中二氧化碳的含量约为 0.03%，总量约为 7000 亿 t，每年约有 1500 亿 t 为光合作用所利用，有 1000 亿 t 以碳酸盐形式溶于水，并流入大海。森林约储存碳 4820 亿 t，相当于大气中碳的 2/3。

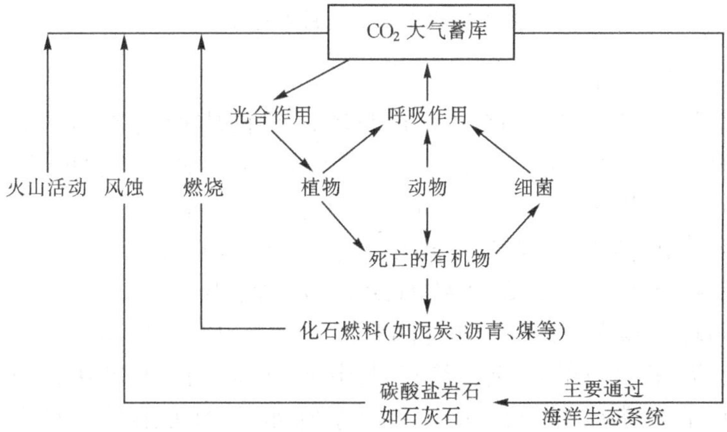

图 2-8　生态系统碳循环模式图

氮循环：植物不能直接利用大气中的惰性气体氮，必须通过固氮作用将游离氮与氧结合成为硝酸盐或亚硝酸盐，或与氢结合成氨，才能为大部分生物所利用，才能进入生态系统，参与循环，如图 2-9 所示。固氮的途径，一是通过闪电等自然活动将大气中的 N_2 转化成氨或硝酸盐，随降雨到达地表；二是工业固氮，工业固氮能力在20世纪末已达1亿t，主要是氮肥；三是生物固氮，是最重要的固氮途径，约占地球固氮量的90%，具有固氮能力的生物主要有固氮菌、根瘤菌及某些藻类和细菌等。含氮有机物的转化和分解过程主要有氨化作用、硝化作用和反硝化作用。

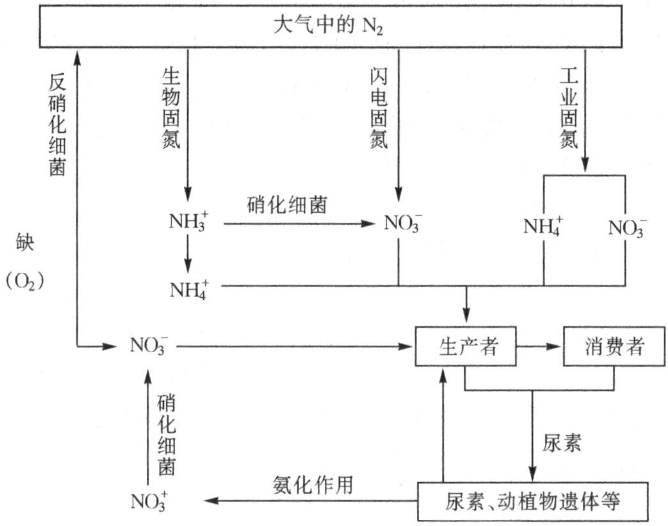

图 2-9　生态系统氮循环模式图

3．沉积型循环

主要是指某些矿物质元素的循环，矿物质通过岩石风化等作用被释放出来参与循环，又通过沉积等作用进入地壳而暂时离开循环。这类循环是缓慢的，并且容易受到干扰，成为“不完全”的循环。沉积循环一般情况下没有气相出现，因而通常没有全球性的影响。对生态系统影响比较大的主要有磷和硫的循环。

磷循环：磷的循环主要有两种存在相：岩石相和溶解盐相。循环的起点源于岩石的风化，终于水中的沉积。由于风化侵蚀作用和人类的开采，磷被释放出来，又由于降水成为可溶性磷酸盐，经由植物、草食动物和肉食动物而在生物之间流动，待生物死亡后被分解，又使其回到环境中。溶解性磷酸盐，也可随着水流进入江河湖海，并沉积在海底。其中一部分长期留在海里，另一些可形成新的地壳，风化后再次进入循环，如图2-10所示。

农业生产上大量施用磷肥不仅使磷资源面临枯竭，且磷矿石、磷肥中含有重金属和放射性物质，长期大量施用，会使土壤污染；

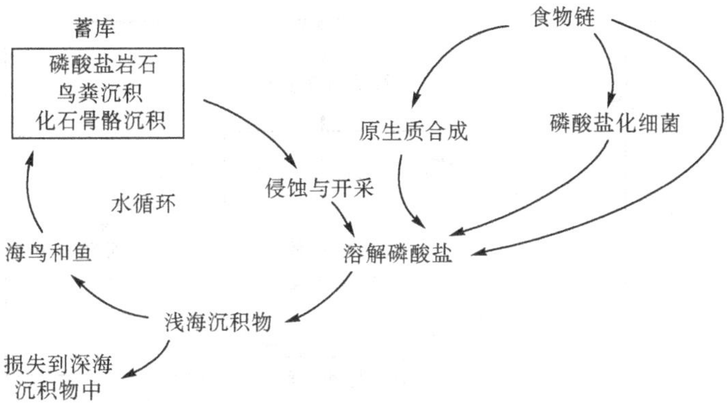

图 2-10　生态系统磷循环模式图

磷元素随水土流失进入水域或水体，会造成富营养化，殃及鱼类等水生生物。

硫循环：硫循环是一个复杂的元素循环，既属沉积型，也属气体型，是由一个长期的沉积阶段和一个较短的气体阶段组成的。它的主要储库为岩石圈。岩石库中的硫酸盐主要通过生物的分解和自然风化作用进入生态系统。化能合成细菌能够通过氧化作用将沉积物中的硫化物转变成硫酸盐，这些硫酸盐一部分可以为植物直接利用，另一部分仍能生成硫酸盐和化石燃料中的无机硫，再次进入岩石蓄库中。自然界中的火山爆发也可将岩石蓄库中的硫以硫化氢的形式释放到大气中，化石燃料的燃烧也将蓄库中的硫以二氧化硫的形式释放到大气中，可为植物吸收，如图2-11所示。

硫是蛋白质和氨基酸的基本成分，对于大多数生物的生命至关重要。人类使用化石燃料大大改变了硫循环，其影响远大于对碳和氮的影响，最明显的现象就是酸雨。

4. 有毒有害物质循环

有毒有害物质循环是指那些对有机体有毒有害的物质进入生态系统，通过食物链富集或被分解的过程。这是环境污染造成公害的原因。大多数有毒物质（人工合成的大分子有机物和重金属离子）难以在有机体的代谢过程中被排除，经同化作用富集而造成有机体的中毒甚至死亡。某些有毒物质经生物转化后使毒性增加，如汞转化为甲基汞。图 2-12 所示就是有毒有害物质循环模式图。

有毒物质进入生态系统后，就会沿着食物链在生物体内富集浓缩，愈是上面的营养级，生物体内有毒物质的残留浓度愈高。例如DDT是一种不易分解并能长期残存的农药，在海水中的浓度可能很

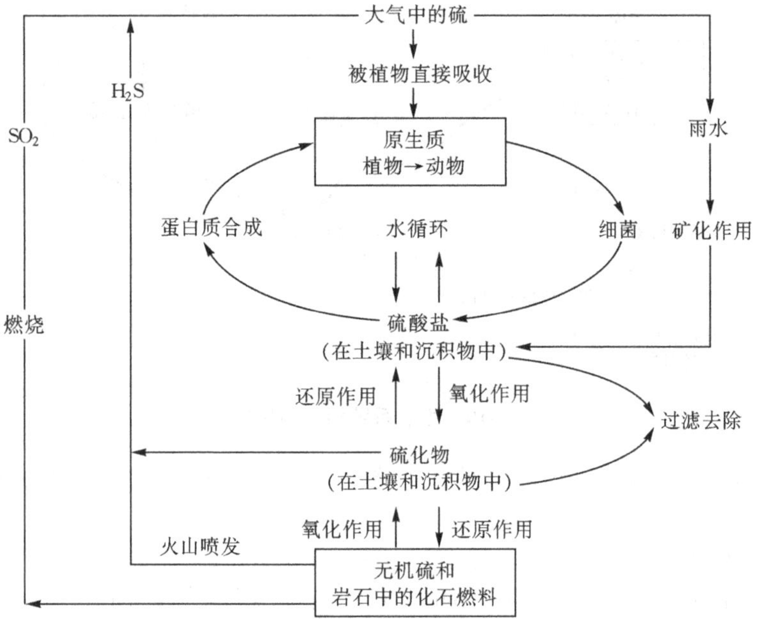

图 2-11　生态系统硫循环模式图

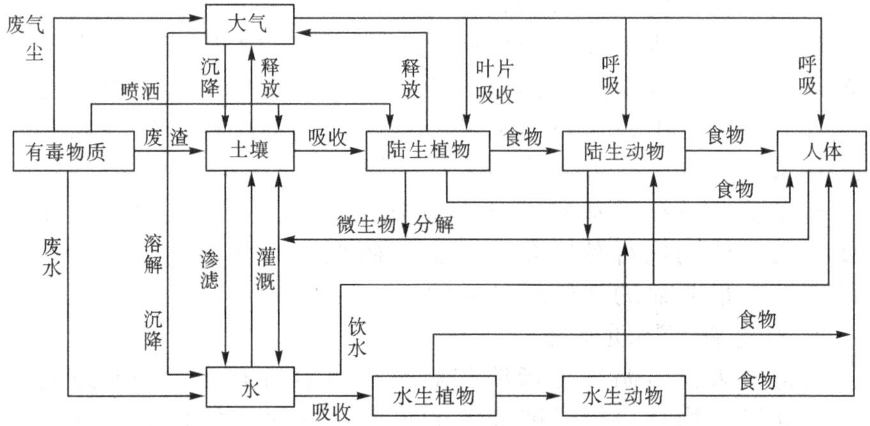

图 2-12　有毒有害物质循环模式图

低，但当其通过食物链到达不同营养级的生物体内时，就会逐步积累和增加浓度。如图2-13所示，刚毛藻体内 DDT 的浓度为海水中的1600 倍……银鸥则为海水的 151 万倍。人若食用积累有 DDT 的水生生物也会受害。

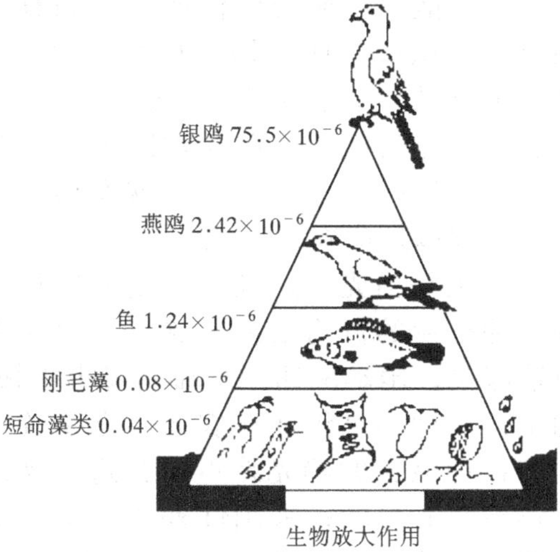

图 2-13　DDT 沿食物链的富集图

（三）生态系统的信息及其传递

信息传递不像物质流那样是循环的，也不像能量流那样是单向的，而往往是双向的，有从输入到输出的信息传递，也有从输出到输入的信息传递，正是由于这种信息流，才使生态系统产生了自动调节功能。大致可分为物理信息、化学信息、行为信息和营养信息（见图 2-14）。

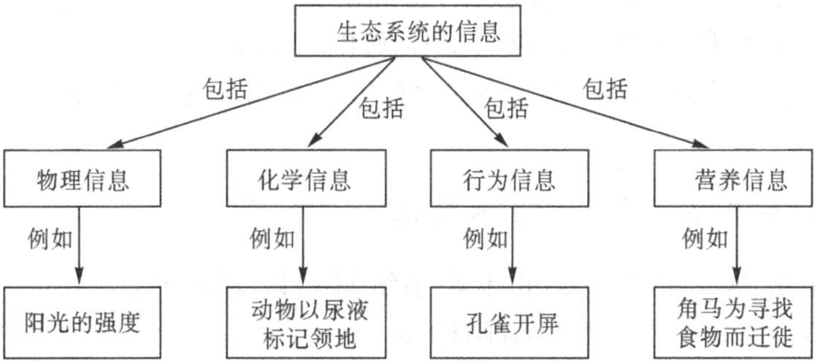

图 2-14　生态系统中信息传递示意图

（1）物理信息：以物理因素引起生物之间感应作用的一类信息。包括光信息、声信息和接触信息等。

（2）化学信息：生物在其代谢过程中会分泌出一些物质，如酶、维生素、生长素、抗生素、性引诱剂和促老激素等，经外分泌或挥发作用散发出来，被其他生物接受而传递。例如有些植物体散发出的气味和花的颜色对昆虫或其他动物有吸引作用；鸟类和爬行动物常避开含强心甙、生物碱、单宁和某些萜类的植物。

（3）营养信息：营养信息就是在食物链中某一营养级的生物由于种种原因而变少了，另一营养级的生物就发出信号，同级生物感知这个信号就进行迁移以适应新的环境。

（4）行为信息：也是借光、声及化学物质等信息传递，同类生物相迁时常表现各种有趣的行为信息传递。如草原上的鸟，当出现敌情时，雄鸟急速起飞，扇动两翅，给雌鸟发出警报。

值得一提的是，这种信息传递在农业生态系统中有很大的应用价值。例如，利用各种昆虫的趋光特点对其进行诱杀；人工控制光周期达到植物早熟高产的目的；采用性外激素引诱剂“迷向法”防治害虫；利用一定频率的声波处理蔬菜、谷类作物及树木等的种子，可以提高发芽率，获得增产等。

七、生态平衡

生态平衡是指生态系统通过发育和调节所能达到的一种稳定状况，它包括结构上的稳定、功能上的稳定和能量输入、输出上的稳定，是一种动态的平衡。在自然条件下，生态系统总是朝着种类多样化、结构复杂化和功能完善化的方向发展，直到生态系统达到成熟的最稳定状态为止。它包括两方面的稳定。

（1）生物种类的组成和数量比例相对稳定。

（2）非生物环境条件（如：空气、阳光、水、土壤等）相对稳定。

（一）生态系统平衡的基本特征

处于成熟、平衡状态的生态系统具有以下特征。

1. 生态系统的组成与结构稳定

生物群落在环境因素的长期作用和选择之下，形成一定规律的空间分布，生物的种类成分和数量保持相对协调，并被控制在环境条件所允许的范围内。生态系统中各种生物之间，各种群落之间保持相对稳定，食物链各营养级组成相对稳定，彼此协调，使得生态系统的结构处于稳定状态。生态系统的发展总是趋向于结构和组成更加复杂、多样和稳定，并成为系统中物质循环和能量流动所体现的整体功能的基础。

2. 物质和能量的输入与输出基本相等，流动与循环稳定

对于一个生态系统，如果物质和能量的输入大于输出，则系统有能量的积累，生物量增加；反之，有能量损耗，生物量减少。

3. 信息传递畅通

生态系统的环境与生物之间、生物与生物之间，存在着丰富的信息联系。这些信息对调节生态系统中各种生物组分的功能有重要作用。随着系统的发展与成熟，物理信息、化学信息、营养信息及行为信息等传递流畅，从而使有机体与环境达到相互适应与协调的动态平衡。

4. 具有良好的自调能力

一个成熟稳定的生态系统能够不断进行自我调控，当系统受到外界因素影响而导致其结构与功能发生变化时，系统能及时对这种影响做出反应，对其内部进行调控，使其恢复到原有的平衡状态。生态系统的这种调节能力有赖于组成成分和结构的多样性、能量流动和物质循环的复杂性。

系统的组成成分愈多样，能量流动和物质循环的途径愈复杂，这种调节能力就愈强；反之，成分愈单调，结构愈简单，则调节能力就愈小。然而这种调节能力也有一定的幅度，超过这个幅度就不再能起到调节作用，从而使生态系统遭到破坏。

（二）引起生态平衡失调的因素

生态系统遭受破坏而使平衡失调的因素很多，但可归纳为自然因素和人为因素两大类。

1. 自然因素

生态系统遭受破坏的自然因素，主要包括地壳运动、海陆变迁、火山爆发、山体滑坡、泥石流、冰川活动、水旱灾害、海啸、暴风侵袭和沙漠迁移，等等，这些因素都会使生态系统在短时间内遭到破坏甚至毁灭。

2. 人为因素

人类是生态系统中最活跃、最积极的因素。随着人类社会科学技术的发展和生产力水平的提高，对自然生态系统的平衡产生愈来愈强烈的干扰和影响，甚至使某种生态系统或其局部地区遭受严重的破坏。人为因素对生态系统平衡的影响主要如下。

（1）环境因素的变化。人类活动使大量污染物质进入环境，使

得环境因素发生改变，从而影响整个生态系统，甚至破坏生态平衡。如燃烧化石燃料等造成的大气污染，以及生活、生产废水的大量排放造成水体污染，危害植物生长，影响人类和其他动物的健康；草原放牧和开垦及森林砍伐过度，缩小了植被面积，严重削弱了生态系统的调节能力等。

（2）物种的改变。人为引起的某一生物种类的增加或减少，都可能造成生态系统的失调。例如，我国 20 世纪 50 年代曾大量捕杀过麻雀，致使有些地区出现了严重的虫灾。

（3）信息系统的破坏。如果人类活动向环境中施放某种物质，破坏了保持生物种群联系的某种化学信息，就有可能使生态平衡遭受破坏。如有些雌性昆虫在繁殖时释放一种体外性激素，具有引诱雄性昆虫的作用。若人们排放到环境中的某些物质与这种昆虫排放的性激素发生反应，使得性激素失效，中断了雌雄昆虫之间的信息沟通渠道，则会影响生态平衡。

（三）生态平衡的调节机制

生态系统对外界干扰具有调节能力才使之保持了相对的稳定，但是这种调节能力不是无限的。生态平衡失调就是外干扰大于生态系统自身调节能力的结果和标志。不使生态系统丧失调节能力或未超过其恢复力的外干扰及破坏作用的强度称为生态平衡阈值。阈值的大小与生态系统的类型有关，另外还与外干扰因素的性质、方式及作用持续时间等因素密切相关。生态平衡阈值的确定是自然生态系统资源开发利用的重要参量，也是人工生态系统规划与管理的理论依据之一。

八、生态学的一般规律

生态系统之所以能够维持相对稳定或动态平衡，是由生态学的基本规律决定的。

（一）相互依存与相互制约规律

相互依存与相互制约，反映了生物间的协调关系，是构成生物群落的基础。生物间的这种协调关系主要分为两类。

（1）以食物相互联系与制约的协调关系，亦称“相生相克”规律。生态系统中，各种生物个体的大小和数量间都存在一定的比例关系，通过食物链和食物网使生物保持数量的相对稳定。各生物种之间相互依赖、彼此制约、协同进化。被食者为捕食者提供生存条件，同时又被捕食者控制；反过来，捕食者又受制于被食者，彼此相生相克，使整个体系（或群落）成为协调的整体。生物体间的这种相生相克作用，使生物保持数量上的相对稳定，这是生态平衡的一个重要方面。当向一个生物群落（或生态系统）引进其他群落的生物种时，往往会由于该群落缺乏能控制它的物种（天敌）存在，使该物种种群暴发起来，从而造成灾害。

（2）因生理生态特性的不同而相互制约的协调关系，亦称“物物相关”规律。生物群落中的不同生物种，因生理生态的不同而占据与之相适应的生物环境，同一环境中的物种越多，该生态系统越稳定。生物间的相互依存与制约关系，无论在动物、植物还是微生物中，或在它们之间，都是普遍存在的。因此，在生产建设中，特别是在需要排放废弃物、施用农药化肥、采伐森林、开垦荒地、猎捕动物、修建大型水利工程及其他重要建设项目时，务必注意调查研究，即查清自然界诸事物之间的相互关系，统筹兼顾，要对与某事物有关的其他事物加以认真的、通盘的考虑，包括考虑此种生产活动可能会产生的影响（短期的和长期的、明显的和潜在的），从而作出全面安排。

（二）物质循环转化与再生规律

自然界通过植物、动物、微生物和非生物成分，一方面不停地合成新的物质，另一方面又不停地随时分解为原来的简单物质，重新被植物吸收，进行不停顿的新陈代谢。因此要严格防止有毒物质进入生态系统，以免有毒物质经过多次循环后富集到危及人类的程度。

（三）物质输入输出的动态平衡规律

这里所指的物质输入输出的平衡规律，又称协调稳定规律，它涉及生物、环境和生态系统三个方面。生物一方面从周围环境摄取物质，另一方面又向环境排放物质，以补偿环境的损失。使它有一个稳定的生态系统，物质的输入与输出总是相平衡的。

例如对环境系统而言，如果营养物质输入过多，环境自身吸收不了，打破了原来的平衡，就会出现富营养化现象，如果这种情况继续下去，势必会毁掉原来的生态系统。

（四）相互适应与补偿的协同进化规律

生物与环境之间，存在着作用与反作用，即生物给环境以影响，反过来环境也会影响生物，生物与环境之间相互适应补偿进化，逐渐由低级向高级发展。

例如，最初生长在岩石表面的地衣，由于没有多少土壤可供着“根”，当然所得的水和营养元素就十分少。但是，地衣生长过程中的分泌物和尸体的分解，不但把等量的水和营养元素归还给环境，而且还生成不同性质的物质，能促进岩石风化而变成土壤。这样环境保存水分的能力增强了，可提供的营养元素也增多了，从而为高一级的植物苔藓创造了生长的条件，如此下去，以后便逐步出现了草本植物、灌木和乔木，生物与环境就是如此反复地相互适应和补偿。生物从无到有，从只有植物或动物到动、植物并存，从低级向高级发展，而环境则从光秃秃的岩土，向具有相当厚度的、适于高等植物和各种动物生存的环境演变。可是，如果因为某种原因，损害了生物与环境相互补偿与适应的关系，例如某种生物过度繁殖，则环境就会因物质供应不及时而造成生物饿死，从而进行报复。

（五）自然资源的有效极限规律

任何生态系统中作为生物赖以生存的各种环境资源，在质量、数量、空间和时间等方面都有其一定的限度，不能无限制地供给，因而其生物生产力通常都有一个大致的上限。正因如此，每一个生态系统对任何的外来干扰都有一定的忍耐极限；当外来干扰超过这一极限时，生态系统就会被损伤、破坏以致瓦解。如：草场的退化、森林的过度采伐和过量捕鱼等。所以，放牧强度不应超过草场的允许承载量，采伐森林、捕鱼狩猎和采集药材时不应超过能使各种资源永续利用的产量；保护某一物种时，必须要有足够它生存、繁殖的空间；排污时，必须使排污量不超过环境的自净能力等。

以上生态学的五大规律是由我国生态学家马世骏提出的，这些规律对于环境保护具有重要的意义。

第三节　生态学在环境保护中的应用

当环境问题引起了人们的极大关注，要求生态学回答和解决一系列问题时，就要运用生态学的基本理论和基本规律作为指导，为环境科学探索解决环境问题的有效途径提供方法论和技术层面的支持。尤其是生态系统理论的形成和完善，使生态学成为人类合理利用自然资源、改善和保护环境的理论基础。

我们应树立生态学观点，管理环境和保护环境。所谓生态学观点，主要包括以下 3 点：第一，各类生态系统是自然界中的客观存在，生态系统具有不以人的意志为转移的客观规律；第二，不管人们是否承认、是否已经意识到，经济开发建设活动和社会行为，都将对生态系统的结构和功能产生影响；第三，我们必须深刻认识生态规律，掌握和运用生态规律，改造环境使之更适合于人类的生存和发展。

目前，生态学在环境保护中的应用主要有以下几方面：

（1）全面评价人类活动对环境的影响；

（2）充分利用生态系统的自调能力；

（3）制定城市或地区生态规划；

（4）综合利用资源和能源；

（5）阐明污染物质在环境中的迁移转化规律；

（6）环境质量的生物监测与生物评价。

由于内容繁杂，笔者仅对几个方面略加阐述。

一、生态规划

（一）生态规划的分类

按地理和生物生存环境划分，生态规划可分为海洋生态、陆地生态、淡水生态、城市生态、农村生态等类型。其中城市生态规划和农村生态规划是目前城市和农村发展建设的重要内容，其生态规划内容大致可以分成生态功能区划、人口适宜容量规划、土地利用适宜度规划、环境规划、生物保护与绿化规划、生态资源利用保护规划、能源规划和环境污染防治规划等。

（二）生物圈生态规划

生物圈生态规划是根据生物利用的观念和理念，有计划地保护生物，使之服务于人类，以促进生物多样性保护事业健康有序的发展。因此，生物圈生态规划的核心任务是保持生物多样性及其持续发展。规划主要目标如下：

（1）确保圈内物种与生态系统的永续利用；

（2）保护生物遗传基因多样性；

（3）保护生命支持系统。

随着科学技术的发展，人们利用自然和自然资源的能力不断提高，对自然与自然资源的干预程度也越来越大，要使生态系统永远保持平衡的状态，人们就必须运用经济学和生态学的观点，使生态系统既向有利于人类的方向发展，又不使生态平衡被破坏。

二、生态城市建设

（一）城市生态系统概述

凡是拥有 10 万以上人口，住房、工商业、行政、文化娱乐等建筑物面积占总面积的 50%以上，具有比较发达的交通线网和车辆来往频繁的人类聚集区域就可以称为城市生态系统。

与自然生态系统相比，城市生态系统具有以下特点。

1. 城市生态系统是人工生态系统

城市集中了大量人口，人类的经济社会活动集中，使大量的物质（包括人工合成的难降解的物质）进入生态循环；能源消耗激增，交通量和信息流也大为增加，改变了原自然生态系统的物质流、能量流及信息流的运行状态，形成了具有新特点的城市生态系统的生产功能与生活功能。

城市居民的开发建设活动，构筑了大量的人工技术物质（道路、桥梁及其他建筑物），改变了原有的空间分布，造成地形的变迁，改变了自然土壤结构与性能，减少了绿地，增加了不透水的人工地表，改变了原自然生态系统的调节功能和还原功能。城市生态系统是通过人的劳动和智慧创造出来的，但人的活动也要受自然因素的控制。

2. 城市生态系统是以人为主体的生态系统

在城市生态系统中，人口高度集中，其他生物的种类和数量都很少，动物群落基本上是家养动物群落，主要受人的支配。人是城市生态系统中的主要消费者，生产者、消费者所占的比列与自然生态系统中正相反，是以消费者为主的倒三角形营养结构（见图 2-15）。

3. 城市生态系统是不完全的生态系统

城市生态系统是一个非自律系统。

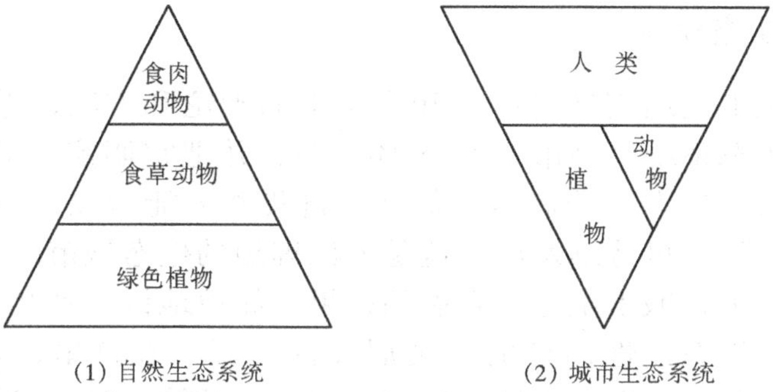

图 2-15　自然生态系统与城市生态系统的营养结构

城市生态系统由于第一营养级生产者（生物量）远少于顶层消费者，所以城市生态系统要由外围的农业生态系统、自然生态系统输入大量的物质与能量，除一部分经加工输出外，其余在城市内消费，将废物排入环境。

城市生态系统中的生产者——植物，不仅数量少，而且其作用不是为城市居民提供食物而是具有美化景观、消除污染和净化空气的作用。由于植物产量远远不能满足当地消费者的粮食需要，必须从城市生态系统以外输入。

城市生态系统中的废弃物即工业和生活废弃物、污水等往往不能就地由分解者进行分解，几乎都需输送到污水处理厂或垃圾场进行处理。

因此，城市生态系统是一个开放系统，城市生态系统中具有大量、高速的输入输出流，是一个不能自我供养的非自律系统。

4. 城市生态系统是多层次的复杂系统

城市生态系统的结构主要由人为因素所决定。不同城市或同一城市的不同时期其空间配置（水平分布及垂直分布）是不同的。城市中人类的经济、社会活动，不断改变着城市生态系统的形态结构。城市生态系统可以划分为 3 个层次的子系统。

（1）人-自然环境系统，只考虑人的生物活动，是人与其生存环境的气候、食物、淡水、生活垃圾等构成的一个子系统。

（2）工业-经济系统，只考虑人的生产、消费活动，是人与能源、原料、工业生产过程、交通运输、工业贸易、工业废弃物等构成的子系统

（3）文化-社会系统，只考虑人的社会活动和文化生活，是人的社会组织，政治活动，文化、教育和服务等构成的子系统。

（二）生态城市

生态城市是运用环境科学和生态学的理论和方法，设计、建立最佳城市生态系统（城市“人类-环境”），并把它调控到最佳运行状态。这种城市生态系统高效、低耗，自我调节能力强，不易遭受破坏，生存力强，可持续发展。这是人们理想的生态城市。

生态城市是城市生态化发展的结果，简单地说它就是社会和谐、经济高效、生态良性循环的人类居住区形式。在这里，自然环境、城市与人融为一个有机整体，形成互惠共生结构。“生态城市”的发展目标是实现“人—社会—自然”的和谐，包含人与人的和谐、人与自然的和谐、自然系统的和谐3方面内容，其中追求自然系统的和谐、人与自然的和谐是基础和条件，实现人与人的和谐才是“生态城市”的根本目的。

从20世纪70年代生态城市的概念提出至今，世界各国对生态城市的理论进行了不断的探索和实践。目前，美国、巴西、新西兰、澳大利亚、南非以及欧盟的一些国家都已经成功地进行了生态城市建设。这些生态城市，从土地利用模式、交通运输方式、社区管理模式、城市空间绿化等方面，为世界其他国家的生态城市建设提供了范例，研究这些生态城市的规划和管理经验，无疑会对我国的生态城市建设产生积极的指导意义。

我国自20世纪80年代开始生态环境建设的探索。许多城市都先后提出建设生态城市的奋斗目标。例如，沈阳市在2009年被联合国环境规划署正式列为联合国生态示范城。其中的示范项目之一就是大浑南新区的建设（见图2-16）。绿色、创新、和谐将是大浑南建设的三个关键词。大浑南绿化覆盖率要达到42%，通过植被建设、地下水限采禁采区保护、节水工业工程等方面的努力改善水资源缺乏的状况，而该城所有的能源驱动都将依靠清洁能源——太阳能、风能和电能，区域生态廊道的建设使得城市的物种流动过程健康、畅通，通过城市污水处理设施建设、城市垃圾处理、噪声控制、三废排放管理等项目的规划实施削减区域污染排放总量。

大浑南将是第三代城市的实验和示范，未来要向国际化的方向发展迈进。

图 2-16　沈阳市大浑南——“第三代”生态文化城

三、生态农业建设

（一）生态农业概述

生态农业是以生态学理论为依据建立起来的理想模式，生态农业是利用生物与环境之间的相互关系，合理组织农业各部门的生产，以便提高产量，改善环境的农业生产制度。

生态农业是一种可持续发展的农业模式，也是一条保护生态环境的有效途径。发展生态农业可以建立良好的生产结构，使种植业、畜牧业、渔业、副业等各部门彼此结合，相互促进，合理利用自然资源，提高植物的光能利用率，生产出高产、优质、无污染的农产品，并确保良好的生态效益。

（二）生态农业的模式

生态农业的研究在世界范围内开展较快，且模式不一，各国在生态农业系统的观点上也各有差异。生态农业尚没有系统的并已被人们广泛接受的定义，但无论如何表述和解析，其本质是基本一致的。生态农业模式主要是指通过吸收和总结国内外农业生产的经验和教训，通过合理开发和综合利用农业资源，建立协调和谐的生态系统，以提高各种资源的利用率；通过合理运用自然界的转化循环原理，建立无废物、无污染的生产体系；通过采用先进技术与工艺，对农林牧渔产品进行加工与利用，实行种、养、加相结合，建立增产增值的生产流程；通过农业生态系统的结构设计和工艺设计，达到最大限度的适应、巧用各种环境资源，增加生产力和改善环境。

1. 家庭生态农业模式

如图 2-17 所示是一个典型的家庭生态农业模式，它是利用生态工程原理，用鸡粪喂猪，用猪粪生产沼气，沼气发电，沼气渣水作为肥料，通过上述生态模式的运行，实现了农业的良性循环和经济上的高效益。

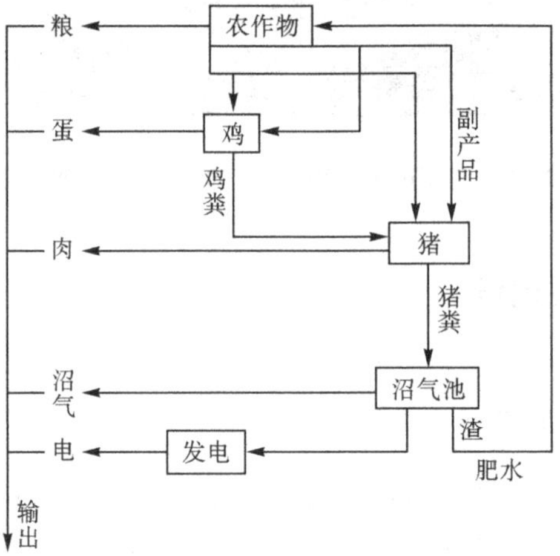

图 2-17 家庭生态农业模式

2. 农场生态农业模式

如图 2-18 所示是农场生态农业的一种模式。玛雅农场位于菲律宾首都马尼拉附近。它是以生态学理论为依据建立起来的新型农业生产模式，被普遍认为是充分利用能源、发展农业、保护环境、维持生态平衡的典范。这个农场是一个包括农场、牧场、鱼场、食品加工和罐头制造的综合性生态农场。

把稻草、树叶、蔬菜加工成饲料用于养牛、猪、鸭等，其动物粪便和肉类加工场的高浓度废水被送入沼气池。经微生物作用产生沼气，作为农场生活和生产用能源，沼气渣沉淀后的上清液进入氧化塘，进行曝气处理。在氧化塘中种植水生生物并养水禽，水生生物可作为鱼和猪的饲料，鱼塘内繁殖的藻类做鱼饵，塘泥和沼气渣做肥料。由于有机质还田减少了化肥用量，从而降低了农业成本，减少了污染，改善了生态环境。

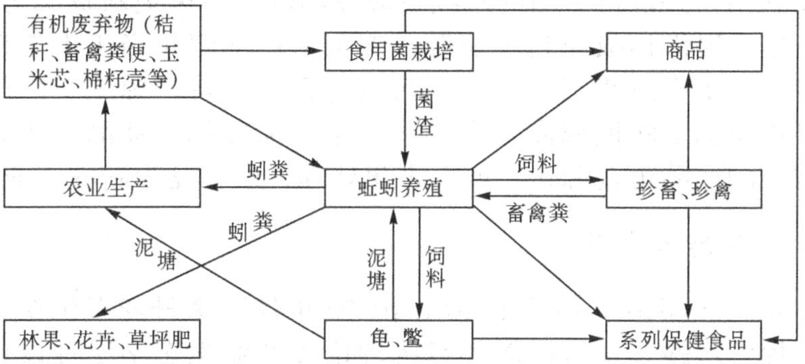

图 2-18　农场生态农业模式

玛雅农场的沼气厂在 1982 年以前，每年可产生 1200t 饲料原料和可供灌溉的肥料水以及 66 万 m^3 沼气，这些沼气可满足该农场工业生产中动力能耗的 60% 和其他能耗的 100% 需要；1983 年以后则可满足农场各方面能源的需要。

四、生态工业建设

（一）生态工业概述

工业生态学是生态工业的理论基础。1989 年 9 月，美国通用公司的研究部副总裁 Robert Frosch 和负责发动机研究的 Nicolas Gallopoulos 在《科学美国人》杂志上发表了题为《可持续工业发展战略》的文章，正式提出了工业生态学的概念。

工业生态学把整个工业系统作为一个生态系统来看待，认为工业系统中的物质、能源和信息的流动与储存不是孤立的简单叠加关系，而是可以像在自然生态系统中那样循环运行，它们之间相互依赖、相互作用、相互影响，形成复杂的、相互连接的网络系统。

生态工业是模拟生态系统的功能，建立起相当于生态系统的“生产者、消费者、还原者”的工业生态链，以低消耗、低（或无）污染、工业发展与生态环境协调为目标的工业。

工业结构生态化，就是通过法律、行政、经济等手段，把工业系统的结构规划成“资源生产”“加工生产”“还原生产”三大工业部分构成的工业生态链。其中，资源生产部门相当于生态系统的初级生产者，主要承担不可更新资源、可更新资源的生产和永续资源的开发利用，并以可更新的永续资源逐渐取代不可更新资源为目标，为工业生产提供初级原料和能源；加工生产部门相当于生态系统的消费者，以生产过程无浪费、无污染为目标，将资源生产部门提供的初级资源加工转换成满足人类生产生活需要的工业品；还原生产部门将各副产品再资源化，或无害化处理，或转化为新的工业品。

（二）生态工业园

生态工业园最早起源于20世纪70年代以来丹麦卡伦堡工业共生体的探索实践，是依据循环经济理论和产业生态学原理设计而成的一种新型工业组织形态，是实现生态工业和工业生态学的重要途径。它通过工业园区内物流和能源的正确设计模拟自然生态系统、形成企业间的共生网络，一个企业的废物成为另一个企业的原材料，企业间能量及水等资源梯级利用。其根本目标是使整个工业园区和环境之间做到高效、和谐发展，主要通过单位经济产出的资源消耗和环境排放等指标考察生态效率的高低，以生态规划、废弃物交换、循环利用和清洁生产等为主要的实施手段。如图2-19所示是一个位于卡伦堡（丹麦）的典型生态工业园区。

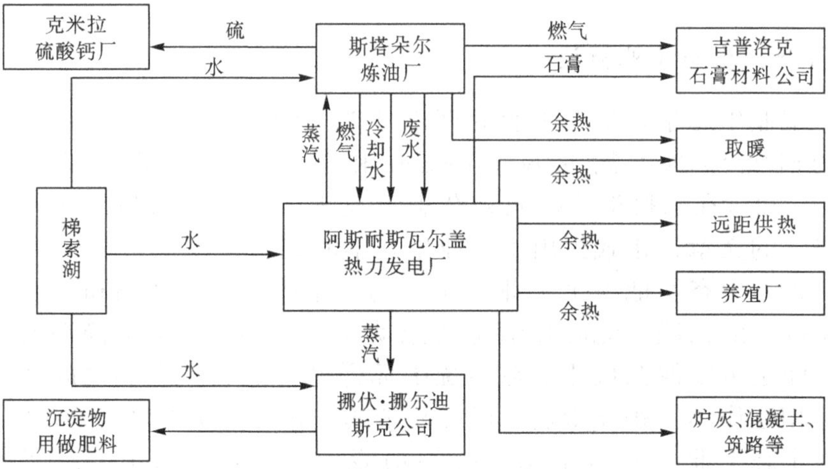

图2-19 生态工业园区——卡伦堡（丹麦）

卡伦堡是一个仅有2万居民的工业小城市，位于哥本哈根以西大约100km的北海之滨。卡伦堡工业共生系统主要由5家企业（阿斯耐斯瓦尔盖发电厂、斯塔朵尔炼油厂、挪伏·挪尔迪斯克公司、吉普洛克石膏材料公司和市政府供热公司）和2万居民组成一个相互依赖的网络。发电厂将余热变成蒸汽提供给炼油厂和挪伏·挪尔迪斯克公司及卡伦堡居民，炼油厂将用过的冷却水提供给发电厂作预热锅炉用水，并将生产过程中生产的液化气提供给发电厂和石膏材料公司作为燃料，发电厂烟气脱硫生成的硫酸钙直接卖给石膏材料公司替代天然硫酸钙，而额外回收的余热输往养殖厂，生物工程公司将副产品提供给当地农民作肥料，形成了相互联系、互为依存、物尽其用、合理循环工业生态的良性系统。据初步统计，卡伦堡生态工业园区的经济、环境优势显著：20 年期间的总投资为 6000 万美元，而由此产生的效益估计为每年 1000 万美元，投资平均折旧时间短于 5 年。整个区域减少资源消耗，每年节约水 600 万 m^3、石油 4.5 万 t，煤炭 1.5 万 t；减少造成温室效应的气体排放和污染，每年减少二氧化碳 17.5 万 t，二氧化硫 1.02 万 t；废物重新利用，每年利用 13 万 t 炉灰（用于筑路）、4500t 硫（用于生产硫酸）、9 万 t 石膏、1440t 氮和 600t 磷。

目前世界上有几十个生态工业园在规划或建设中，多数在美国。加拿大、日本、德国、奥地利、瑞典、爱尔兰、荷兰、法国、英国、意大利、印度尼西亚、菲律宾、泰国和印度等国家都在积极建设生态工业园。生态工业在中国的发展重点，一是大型的综合性企业，二是工业园区，三是工业集中的城镇。在一个园区中，各企业进行合作，以使资源得到最优化利用，特别是相互利用废料（一个企业的废料作为另一个企业的原料）。不过，“园区”的概念不应使人们理解成一定是某个在地理上毗邻的地区，一个生态工业园区完全可以包括附近的居住区，或者包括一个离得很远的企业。

我国从 1999 年开始启动生态工业示范园区建设试点工作，目前，已批准的国家生态工业示范园有广西贵港国家生态工业（制糖）示范园区、广东南海生态工业园区、长沙黄兴国家生态工业示范园区、包头国家生态工业（铝业）示范园区和山东鲁北国家生态工业示范园区等。

作为老工业基地的沈阳，在工业生态园的建设上也在积极探索。而沈阳化学工业园则是一个综合性产业园区，是辽宁省循环经济重点建设的生态绿色园区。该园是依据循环经济理念、工业生态学原理和清洁生产要求而设计建立的先进工业园。园区内产业设计注重物流间的关联、能流的梯级利用、资源的共享和企业间的共生耦合，注重与张士开发区、沈阳冶金工业园的协调发展，以建立“生产者—消费者—分解者—生产者”的物质循环方式。

园区规划建立能源梯级利用系统、水资源循环利用系统、固体废物资源化利用体系以及公辅设施一体化系统和信息交换一体化系统，保障能源利用效率最大化，污水排放最小化，固体废物利用合理化，公辅设施得到充分利用，信息系统为园区发展决策提供支持。

（1）产业链建设是采用一体化建设模式，以基础原料、副产物、废物的综合利用为纽带，建设具有代表性的循环经济生态链。

（2）能源系统建设模式是在实现减量化的基础上，采用能源集中供应，能量梯级利用模式，用好余热余能，实现能源效率最大化。

（3）水系统采用梯级利用中水回用模式，水资源分级使用，污水厂出水处理至中水，回用水供绿化喷灌、道路和车辆清洗、景观用水。

（4）固废利用，固体废物的资源化采用联合利用模式，与相关企业和园区建立耦合关系。粉煤灰、煤渣用于生产建材，废催化剂进行再生等。

（5）公辅设施采用共享模式，提高设施和设备的利用效率，避免重复投资，降低园区的运作成本。

（6）信息系统建设将以信息中心为平台为园区循环经济建设服务，实现循环经济发展信息的采集、处理与发布的一体化。

园区依托先进的技术和严格的管理，依靠先进发展理念指导，发展建设成我国化学工业园区发展循环经济的重要代表和先进的示范模式。

五、生态学原理在生物监测中的应用

生物监测是利用生物对环境中污染物质的反应来判断环境污染状况的一种手段。它是利用生命系统的变化来“指示”环境质量，通过指示生物的不同反应症状，分别监测多种干扰效应。例如在污染水体中，通过对鱼类种群的分析就可获得某污染物在鱼体内的生物积累速度以及沿食物链产生的生物学放大情况等许多信息。植物受二氧化硫、过氧乙酰硝酸酯（PAN）和氟化物的危害后，叶片的组织结构和色泽常表现出不同的受害症状。

由于生物监测通常反映的是一个生态系统的环境状况，常将生物监测作为生态监测中的一种方法——指示生物法。对于宏观系统的变化，生态监测更能真实和全面地反映外干扰的生态效应所引起的环境变化。指示生物是指对环境中的某些物质，包括污染物的作用或环境条件的改变能较敏感和快速地产生明显反应的生物。对环境的现状和变化起“预警”功能。例如大气污染物二氧化硫的指示生物有紫花苜蓿、蕨类、苹果、白杨、白腊、白桦、麦类、棉花、大豆、南瓜、葡萄等。睫毛针杆硅藻、簇生针杆硅藻、簇生竹枝藻只能在未受污染的水体中大量繁殖，是清洁水体的指示生物。小颤藻等浮游藻类是严重污染水体中的优势种，是水体污染的指示生物。水蚯蚓、摇蚊幼虫、蛭类通常在有机质丰富的水环境大量繁殖，是污水性指示生物。

第三章 资源、能源与环境保护

第一节 自然资源与能源概述

一、资源与环境保护

（一）自然资源的概念

资源概念的内涵广泛。在经济学中，所有为商品生产而投入的要素都是资源，如资本、劳动力、技术、管理等。而在环境科学领域，资源的概念是特定的，一般指自然资源。

自然资源是自然界中能被人类用于生产和生活的物质和能量的总称，它是自然环境的重要组成部分。自然资源一般是指天然存在的自然物，不包括人类加工制造的原材料。自然界的任何部分，包括土壤、水、森林、草原、野生动植物、矿藏等，凡是人们可以利用来改善自己的生产和生活状况的物质都可称为自然资源。1972年，联合国环境规划署对自然资源的定义为，在一定时间条件下，能够产生经济价值以提高人类当前和未来福利的自然环境因素的总称。自然状态下的资源可被输入一定的生产过程变成有价值的物质，或者进入消费过程给人类生存以舒适感而产生价值。

随着人类对自然界的认识不断深化，生产力的迅速发展和科学技术的不断进步，一方面有许多新的资源被逐步发现；另一方面，人类也不断地扩大利用自然资源的范围和程度。这样，自然资源的内涵将不断地扩大，人们对它的认识也将不断发展和完善。

从自然特性看，资源、能源与环境的关系是十分密切的，而资源、能源和环境问题是当前世界各国普遍关心的问题。如何以最低的环境代价确保经济持续增长，同时还能使自然资源和能源可持续利用，已成为当代所有国家在经济、社会发展过程中所面临的一大难题。

(二) 资源问题与分类

1. 资源问题

资源问题，通俗来讲，就是指自然资源短缺和生态破坏的问题。自近代社会以来，人口的急剧增长、科学技术的持续进步和经济的高速发展对自然资源系统造成了巨大压力，资源消耗不断增加，自然资源迅速减少，人类对于自然资源的开发利用正在逼近和超过其赖以生存的自然资源系统所能承载的极限，人与自然之间的紧张关系被逐步推向极端，全球性的自然资源问题由此而日渐凸显。主要表现在以下几个方面。

(1) 不可再生资源的枯竭。首先是矿物能源濒临枯竭，供需矛盾严重失衡，能源紧缺日渐成为制约或影响一个国家经济社会发展的首要因素。根据 2006 年世界能源统计公布数据，全球石油已探明的储量为 12000 亿桶。按照 2005 年开采量计算，可开采 40.6 年；预计未探明石油潜在储量可达 9380 亿桶，预计 21 世纪中期石油（包括油沙、超重油、气变油、生物油、油母页岩等）产量将达到顶峰，21 世纪后期将进入高油价时期；全球天然气已探明的储量为 180 万亿 m^3，可再开采 65 年；全球煤炭已探明的可采储量 9100 亿 t，可开采 155 年。由此可见，世界各国所面临的能源问题将十分严峻。

其次是一些重要的矿产资源严重短缺，直接危及或影响着世界各国国民经济尤其是工业经济持续发展的基础。根据对 43 种重要非能源矿产的统计，其中探明储量在 50 年内即告枯竭的就有铜、铅、锡、锌、汞等 16 种之多。

(2) 可再生资源的形势异常严峻。随着城市用地的不断扩大，荒漠化、盐碱化、涝渍和土壤侵蚀不断毁损土地，土地变得越来越少。预计到 2025 年，全球人均耕地面积将从目前的 0.37hm^2 下降到 0.17 hm^2。

水资源分布不均，贫水区和城市水荒日益严重。虽然在全球范围内，水基本上是一种可更新的资源，但一些流域中被引走的淡水量已接近可更新供应的数量，而从某些地下含水层抽取的水量则超过了天然补给量，并常常是处于被污染的状况。

森林资源锐减。根据联合国粮农组织（FAO）发布的《2005 年全球森林资源评估报告》，2005 年全球森林面积 39.52 亿 hm^2，占陆地面积（不含内陆水域）的 30.3%，人均森林面积 0.62hm^2，单位面积蓄积 110m^3/hm^2。但世界各国森林面积分布不均衡，其中，全球三分之二的森林集中分布在俄罗斯（20.5%）、巴西（12.1%）、加拿大（7.8%）、美国（7.7%）和中国（5.0%）等国家，而有些国家如莱索托、吉布提、埃及、利比亚、毛里塔尼亚、科威特等不足 0.5%；全球每年近 4%的森林受到各种灾害的影响，每年平均有 1.04 亿 hm^2 的森林遭遇林火、有害生物（包括病虫害）以及干旱、风雪、冰和洪水等自然灾害的影响，其中受森林病虫害和林火影响的面积较大，分别占 65.3% 和 26.7%。受灾害影响森林面积的 83.5% 集中分布在美国（23.5%）、加拿大（15.6%）、印度（12.5%）、中国（7.6%）和俄罗斯（7.4%）等国家；全球森林面积总体上继续呈下降趋势，2000—2005 年全球年均净减少森林面积 730 万 hm^2，其中，巴西、印度尼西亚、缅甸等国家年均分别减少 310.3 万、310.3 万、46.6 万 hm^2。

海洋生态受损严重，未来资源宝库面临浩劫。一个欧美研究小组在发表于英国《科学》杂志的研究中写道，在 2003 年，29%的公海鱼类已处于枯竭状态，亦即鱼类的捕获量已降至原先捕获量的 10%以下。世界海洋和淡水渔场的捕获量正在接近可持续产量的极限，联合国粮农组织曾估计这个极限为每年 1 亿 t。当渔场接近这个极限时，诸如富营养化作用、化学制品污染和养育场所的破坏等环境压力，将对其资源的生产力产生越来越大的影响。巨大的捕鱼压力和污染相交织的恶果已经在某些海域出现。一些处于重捕区和污染区的渔场，其捕捞量正在不断下降。四分之一的海洋渔场捕捞量已超过可维持再生产的资源量。可再生资源的日益恶化，将导致整个地球生态系统的破坏与失衡，直接严重影响着人类的生存与发展。

（3）全球资源消费在不同国家和地区之间严重不平衡。全世界能源的 2/3 被不到 20%的发达国家的人口所消费，发展中国家人均能耗不足发达国家的 1/6，不到美国的 1/10。国际贸易中的南北分带实质是一种贸易不平等，发展中国家出口廉价资源，造成资源枯竭、环境恶化；发达国家进口廉价资源，出口高价产品，赚取超额利润，造成全球贫富差距拉大。目前，发展中国家正在走向工业化，对资源的需求增长日益加快，全球资源的分配和消费格局将会出现重大变动，资源供需矛盾加剧，中长期资源供需形势日趋严峻。

2. 资源分类

由于资源内容广泛、丰富，为了研究及开发利用上的方便，一般依据资源的一些共同特征将资源进行统一分类（见图 3-1）。

按照资源的地理学性质可将资源分为水利资源（含淡水资源）、土地资源、气候资源、生物资源、矿产资源和海洋资源。

传统的自然资源分类方法，是按照自然资源在不同产业部门中所占的主导地位笼统地划分为农业资源、工业资源、能源、旅游景观资源、医药卫生资源、水产资源，等等。

按自然资源的可更新特征，将资源分为可更新资源和不可更新资源。

（1）可更新资源。可更新资源是指通过天然作用或人工作业能够以某一增长率保持或不断增加流量的各种自然资源，如生物资源（森林、鱼类、农作物以及各种野生动物等）和某些动态非生物资源（土地资源、水资源、空气资源等）。在不合理的开发利用条件下，其可更新性就会受到影响，存量逐渐下降以至枯竭。如过度捕鱼将减少鱼的存量，并且进一步减少鱼群的自然增长率。另一类可更新资源，其持续性不受人类的影响，如太阳能，当代人消费的数量不会减少后代人消费的数量。

- 自然资源
  - 耗竭性资源
    - 可更新性（再生）资源
      - 土地资源
      - 森林资源
      - 水资源
      - 作物资源
      - 牧场和饲料资源
      - 野生及家养动物资源
      - 水产渔业资源
      - 遗传资源
    - 不可更新性（不再生）资源
      - 矿产资源
      - 化石燃料资源
  - 非耗竭性资源
    - 恒定性资源
      - 太阳能
      - 潮汐能
      - 风能
      - 降水
    - 易误用及污染的资源
      - 大气
      - 水能
      - 江河湖海中的水资源
      - 广义的自然风光

图 3-1　自然资源的分类

可更新资源是指可以通过比较迅速的自然循环得到补充的资源，如图 3-2 所示。例如，空气中的氧通过光合作用补偿，淡水通过水循环补充，生物产物（食物、纤维、木材）通过自然生长和繁殖的自然循环来补充。其利用原则是，既要从这类资源中取得人类生产和生活需要的各种物质，又要在保护和美化环境方面发挥这类资源各自的效用，并使人类的干预不至于超过它们的负载能力。在管理上，应进行调查和鉴定，既要遵循自然规律，又要考虑经济条件及人类社会因素的影响。

图 3-2　可更新资源是通过自然循环来补充的资源

（2）不可更新资源。不可更新资源是指人类开发利用后，在现阶段尚不可能再生的自然资源。地球上的不可更新资源，根据其能否重复使用，又可分为能重复利用的不可更新资源和不能重复利用的不可更新资源。

能重复利用的不可更新资源，主要指这些资源是亿万年的地质作用形成的，更新能力极弱，但可回收重新利用，如铜、铁等金属，矿产资源和石棉、云母、矿物肥料等。例如汽车报废后，汽车上的废铁可以回收利用。可回收的不可更新资源尽管可以回收，但不可能全部回收利用。因此，每次循环利用，都会使资源产生某种损失，从而导致资源逐渐耗竭。

不能重复利用的不可更新资源，是指经过地质作用形成的，但由于物质转化而完全不能重复利用的自然资源，主要包括煤、石油、天然气和铀等能源资源。这类资源一旦被使用，就会被消耗掉，不可能再使用。例如，煤一旦燃烧转变为热能，热量就会消散到大气中，变得不可恢复了。

(3) 可更新资源的利用与管理。从理论上说，可更新资源能持续不断。遗憾的是，我们现在失去可更新资源的危险比失去不可更新资源的危险更大。这是因为，所有可更新资源的更新都明显地受自然系统的限制。例如，地下水是水不断渗入地下土壤而更新的，在有些地区，如果抽取地下水的速度比恢复渗入地下的速度更快，或打乱了它们的渗入系统，那么地下水也会干涸。野生动植物由于生存环境或繁殖地遭受破坏、污染或改变，可能因此而灭绝。许多生物种群灭绝后，它们就不能更新而永远地消失了。

我们对资源的使用一直维持在这个系统本身能够更新的能力范围内，并且努力保护这些系统避免遭受污染或生态环境的破坏，以及其他因素的不正当干扰，可更新资源是可以更新的，而且能够持续下去。按照这个原理去管理和利用可更新资源，才能保护好自然资源，使它们永远为人类服务。

(三) 资源利用与环境保护的关系

自然资源是自然环境的组成部分，它在组成环境整体结构和功能中，具有特定的作用，即生态效能。如森林资源，既能完成森林生态系统中能量和物质的代谢功能，提供一定的生物产出，还具有涵养水源、保持水土、净化空气、消除噪声、调节气候、保护农田草原、改善环境质量等生态效能。

自然资源和自然环境是自然物质条件的两种属性、两个侧面。人类赖以生存、生活和生产所必需的土地、水、森林、动植物等自然资源，是在特定条件下人类所需的基本的自然物质条件，也就是自然环境。由于现代文明的出现和人类对自然认识的短浅性和渐进性，导致环境污染和生态破坏日趋严重。现在，人们已经逐步认识到合理地利用资源、保护资源就是保护自然环境，就是保护人类生存、生活和生产的条件，人们正在逐渐摒弃传统的对环境要素中各种自然因子的放任自流的任意使用，而是将环境因素作为资源加以开发、保护和利用。

二、能源与环境保护

（一）能源发展概述

能源是指可能为人类利用以获取有用能量的各种来源，包括已开采出来可供使用的自然资源与经过加工或转换的能量的来源，如太阳能、风能、水能、蒸汽、生物能、潮汐能和矿物燃料（煤、石油、天然气和核素等）均可称为能源。除太阳能外，它们都是自然环境的组成成分。

人类利用能源的历史约可追溯到两万年以前古猿人的钻木取火。在生产力水平不高的年代，人们生活主要利用生物能源。

随着能源利用技术的不断提高，能源利用推动了人类文明的发展。自从工业革命以后，能源需求量越来越大，薪木在人类能源构成中的比例不断下降，而对矿物燃料，如煤、石油、天然气等的需求不断增长。20 世纪初，西方国家的工业迅猛发展起来，煤炭成为其主要能源。

20 世纪中叶以后，进入了以石油、天然气为主要能源的时代，核能也得到一定程度的发展。到 1970 年，油、气占商品能源消费的 64%。石油是主要的商品能源之一，核能在能源利用中的份额正在进一步的提高。

（二）能源的分类

人们从不同的角度对能源进行了多种多样的分类，如图 3-3 所示。

- 能源
  - 一次能源
    - 常规能源
      - 可再生能源：水能
      - 不可再生能源：煤炭、石油、天然气
    - 新能源
      - 可再生能源：太阳能、生物能、风能、地热能、海洋能
      - 不可再生能源：核燃料
  - 二次能源：电能、焦炭、煤气、沼气、蒸汽、汽油、柴油、重油、氢、激光

图 3-3 能源分类

1. 按照能源能否再生

可分为可再生能源和不可再生能源。

（1）可再生能源。如水能、生物质能、风能、地热能、潮汐能、太阳能等，在消耗后可从自然界较易得到补充的能源。这类能源的利用往往不产生或很少产生污染物，它们可能成为未来能源结构的基础。

① 水力发电。就是利用水力（高度差）推动水力机械（水轮机）转动，将水的势能转变为机械能，如果在水轮机上接上发电机，这样机械能就转变为电能。水力发电在某种意义上讲是水的势能变成机械能，又变成电能的转换过程。中国水能居世界第 1 位，经济可开发装机容量为 2.9 亿 kW。

② 生物质能。生物质能是蕴藏在生物质中的能量，是指直接或间接地通过绿色植物的光合作用，把太阳能转化为化学能后固定和贮藏在生物体内的能量。它是一种唯一可再生的碳源，可转化成常规的固态、液态或气态燃料。生物质能属可再生资源。生物质能是世界第四大能源，仅次于煤炭、石油和天然气。根据生物学家估算，地球陆地每年生产 1000 亿～1250 亿 t 干生物质；海洋年生产 500 亿 t 干生物质。生物质能源的年生产量远远超过全世界总能源需求量，相当于目前世界总能耗的 10 倍。我国可开发为能源的生物质资源到 2010 年可达 3 亿 t。目前生物质能的主要形式有沼气、压缩成型固体燃料、气化生产燃气、气化发电、生产燃料酒精、热裂解生产生物柴油等。随着农林业的发展，特别是薪炭林的推广，生物质资源还将越来越多。

③ 风能、潮汐能发电等都类似水力发电，都是利用风、潮汐的能量来发电。

④ 地热发电是利用地下蒸汽来发电。随着科技的进步，关于能源消耗和环境污染的法律制订越来越严格，地源热泵的发展迎来了它的高潮。地源热泵是利用浅层地能进行供热制冷的新型能源利用技术，是热泵的一种，热泵是利用卡诺循环和逆卡诺循环原理转移冷量和热量的设备。地源热泵通常是指能转移地下土壤中热量或者冷量到所需要的地方。通常热泵都是用来作为空调制冷或者采暖用的。地源热泵还利用了地下土壤巨大的蓄热蓄冷能力，冬季地源把热量从地下土壤中转移到建筑物内，夏季再把地下的冷量转移到建筑物内，一个年度形成一个冷热循环。即在冬季，把地能中的热量“取”出来，提高温度后，供给室内采暖；夏季，把室内的热量取出来，释放到地能中去。通常地源热泵消耗 1kW 的能量，用户可以得到 4kW 以上的热量或冷量。

（2）不可再生能源。煤炭、石油、天然气、核燃料等都是不可再生能源。化石燃料如煤炭、石油、天然气是经历了漫长的地质年代储存下来的太阳的能量，人们开采利用后难以恢复。

① 煤的形成：煤是地球上储量最多的化石燃料，也是最主要的固体燃料。煤由远古时代的植物经过复杂的生物化学、物理化学和地球化学作用转变而成。植物残骸堆积埋藏、演变成煤的过程非常复杂。一般认为历经植物—泥炭（腐蚀泥）—褐煤—烟煤—无烟煤几个阶段，这个过程被称为煤化作用。煤形成过程中有细菌、温度、压力 3 个因素起了重要作用。中国煤炭可采储量为 1145 亿 t，居世界第 3 位。

② 石油、天然气的形成：它们的形成具有相似的原理。大多数石油是由埋藏在地下沉积层中的有机物经过几百万年在 75～200℃下形成的。微生物把某些埋在地下浅层的动植物残骸分解成有机物，随着地层深度的增加，温度和压力升高，沉积的有机物可以发生化学反应，这样有机物逐渐裂解产生碳氢化合物。中国石油可采储量为 33 亿 t，居世界第 11 位，天然气可采储量为 17 万亿 m^3，居世界第 19 位。

③ 核能发电：是把含有铀等核燃料的矿石进行浓缩成铀-235（或钚-239）的核，在中子轰击下发生裂变，同时释放出核能，将水加热成蒸汽，蒸汽驱动发电机组，发出电来作为动力。由于核动力的燃料是核燃料（铀或钚），与煤或石油相比，优点是无空气污染，无漏油等问题。它的唯一缺点是存在放射性污染。中国铀储量可供 4000 万 kW 核电站运行。

2. 按照获得能源的方法

可分为一次能源和二次能源。

① 一次能源：可供直接利用的能源，如煤、石油、天然气、风能、水能等；

② 二次能源：由一次能源直接或间接转换而来的能源，如电、蒸汽、焦炭、煤气、氢等，它们使用方便，易于利用，是高品质的能源。

3. 根据能源消费后是否造成环境污染

可分为污染型能源和清洁型能源。煤炭和石油类能源等是污染型能源，而水能、电能和太阳能等则是清洁型能源。

（三）我国能源状况与趋势

1. 我国的能源生产与消费

中国是主要产煤大国之一。煤保有储量达10000余亿t。新增探明石油地质储量7.4亿t以上，新增天然气地质储量1250亿m^3。1999年全国发电装机容量达到2.94亿kW，发电量为12300亿kW·h，装机容量和发电量都仅次于美国，居世界第二位。此外，中国每年接收的太阳辐射总量相当于24000亿t标准煤，可供开发的水能源3.79亿kW，可供开发利用的风能资源为2.54亿kW，已探明的地热资源相当于4600亿t标准煤，可开发的潮汐能约在2000万kW以上。同时，还有丰富的生物能源，包括农作物秸秆、薪柴、沼气及其有机废物的综合利用。

能源结构仍以煤炭为主，石油天然气的比重有所增加，能源生产总量中，原煤占70%左右，原油占20%左右，天然气小于5%，水电、核电小于10%；能源消费总量中，煤炭占70%左右，石油占20%左右，天然气占2%左右，水电和核电占7%左右。

2. 煤炭工业

近年来煤炭生产和消费总量持续下降，但煤炭作为中国能源的支柱，在能源消费中仍占有较大的比重。目前煤炭工业的发展，一方面继续推进能源结构的调整，保证经济发展对煤炭的需求；另一方面在煤品质量上，特别是降低煤的硫分、灰分等，提高燃用效率，降低对大气环境所造成的危害。

3. 石油天然气

中国石油天然气工业持续稳定发展。全年原油生产1.6亿t。天然气生产252亿m^3，能源结构的变化，特别是原油、天然气的增长将对节约能源和环境的改善有积极的作用。

4. 电力工业

我国近年来电力工业稳步发展。发电量仍以火电为主，占80%以上。火电主要是以煤炭为发电能源，用于发电的煤炭消耗量占煤炭生产总量的40%左右。电力工业面临的环境压力也越来越大。主要是火力发电排放的二氧化硫没有得到有效的控制。

5. 生物能源

生物能源是中国农村地区的主要能源，包括木柴、稻草、家畜粪便和沼气等。近年来，中国薪柴的总消费呈现下降的趋势，但薪柴仍将在相当长的时期内作为农村的主要燃料之一。

全国农村可再生能源综合开发和利用工作取得了巨大成效，有力地促进了生态环境保护和农业可持续发展。据统计，全国推广沼气户和省柴节煤炉灶，每年可省柴 1 亿 t，折合标准煤 5000 万 t，相当于保护了 15 万 hm^2 薪炭林。

（四）能源利用对环境的影响

1. 化石能源使用所造成的环境污染

任何一种能源的开发和利用都给环境造成了一定的影响。在诸多的能源中以不可再生能源引起的环境影响最为严重和显著，它们在开采、运输、加工、利用等环节都会对环境产生严重影响。它们给环境带来的影响主要有以下几方面。

（1）开采过程中的影响。在煤的开采过程中，井下开采破坏了地壳内部原有的力学平衡状态，容易引发地表沉陷，从而导致地表工程设施破坏和农田毁坏，还会使地下水和地表水遭受严重的污染。

露天开采占用大量农田、草地等，破坏了地面生态系统。另外，煤矿废水使水生物受到污染甚至灭绝。

在原油的开采过程中，加入的化学试剂对井厂周围区域造成了很大污染，油污染也是一个不容忽视的问题，它不但污染周围的农田，也污染了附近的海域和地表，带来了严重的生态问题。

（2）运输和加工过程中的影响。煤炭运输过程中不仅要消耗大量的能源，而且在堆放储存的过程中也会发生自燃或扬尘污染大气环境，随雨水冲刷流失污染周围的水体。

煤炭在加工过程中，气化或液化过程中释放的氮氧化物和硫氧化物，洗煤的废水和干燥时的扬尘都会给环境带来污染。

石油运输过程中对海洋的油污染更为严重，石油加工过程或炼油运转过程释放的污染物数量甚至比煤炭加工中更为严重。

（3）利用过程中的影响。

① 化石燃料的燃烧，导致城市大气污染。一些资料表明，70% 以上的 SO_2、NO_x、Hg、颗粒物、CO_2 等都是由于煤炭直接燃烧所引起的。一次能源利用过程中，产生大量的 CO、SO_2、NO_x、TSP（总悬浮颗粒）及多种芳烃化合物，不仅对一些国家的城市造成了十分严重的污染、损害人体健康，而且导致了对生态的破坏。

欧盟每年由于大气污染造成的材料破坏、农作物和森林以及人体健康损失费用超出 100 亿美元。

我国大气污染造成的损失每年达 120 亿元人民币。如果考虑一次能源开采、运输和加工过程中的不良影响，则造成的损失更为严重。就采煤而言，世界每采1万t煤，受伤人数为15～30人，破坏土地200hm^2（露天矿），排出矿坑的废水达10万t。

② 化石燃料的燃烧，使大气中的二氧化碳含量增加，温室效应增强。

工业革命前，大气中的二氧化碳按体积计算是每100万大气单位中有280个单位的二氧化碳。工业革命之后，由于大量化石能源的燃烧，大气中二氧化碳含量不断增加，1988年就已达到每100万大气单位中有349个单位的二氧化碳。如果大气中二氧化碳含量增加1倍，全球平均表面温度将上升1.5～3℃，极地温度可能上升6～8℃。这样的温度可能导致海平面上升20～140cm，将对全球许多国家的经济和社会产生严重影响。

③ 化石燃料的燃烧，是产生酸雨的元凶。化石能源的燃烧产生的大量二氧化硫和氮氧化物等污染物通过大气传输，在一定条件下形成大面积酸雨，改变酸雨覆盖区的土壤性质，危害农作物和森林生态系统，改变湖泊水库的酸度，破坏了水生生态系统，腐蚀材料，造成重大经济损失。酸雨还导致地区气候改变，造成难以估量的后果。

④ 化石燃料的燃烧导致的热污染。火电站发电所剩“余热”被排出到河流、湖泊、大气或海洋中，在多数情况下会引起热污染。例如，这种废热水进入水域时，其温度比水域的温度平均要高出7～8℃，以致明显改变原有的生态环境。

2. 水力发电对环境的影响

水库建造的过程中与建成之后，对环境的影响主要包括以下几个方面。

（1）自然方面。巨大的水库可能引起地表的活动，甚至诱发地震。此外，还会引起流域水文上的改变，如下游水位降低或来自上游的泥沙减少等。水库建成后，由于蒸发量大，气候凉爽且较稳定，降雨量减少。

（2）生物方面。对陆生动物而言，水库建成后，可能会造成大量的陆上野生动植物被淹没死亡，甚至全部灭绝。对水生动物而言，由于上游生态环境的改变，使鱼类受到影响，导致灭绝或种群数量减少。同时，由于上游水域面积的扩大，使某些生物（如钉螺）的栖息地点增加，为一些地区性疾病（如血吸虫病）的蔓延创造了条件。

（3）物理化学性质方面。流入和流出水库的水在颜色和气味等物理化学性质方面发生了改变，而且水库中各层水的密度、温度，甚至溶解氧等有所不同。深层水的水温低，而且沉积库底的有机物不能充分氧化而处于厌氧分解，水体的二氧化碳含量明显增加。

（4）社会经济方面。修建水库可以防洪、发电，也可以改善水的供应和管理，增加农田灌溉，但同时亦有不利之处。如受淹地区城市搬迁、农村移民安置会对社会结构、地区经济发展等产生影响。如果整体、全局计划不周，社会生产和人民生活安排不当，还会引起一系列的社会问题。另外，自然景观和文物古迹的淹没与破坏，更是文化和经济上的一大损失。应当事先制定保护规划和落实保护措施。

3．核能的使用对环境的影响

核能一旦发生事故或者核废料处置不当，对人类生存环境的危害将是致命的。

放射性核固体废弃物的处置问题，多年来已提出各种建议，但至今尚未完全解决。目前国内外公认比较好的处理技术是深部地层埋藏，即将燃烧完的放射性废物进行玻璃固化后，冷却 30～50 年，然后将其埋藏于数百米深的岩层中。

第二节　土地资源的利用与保护

土地是地球陆地表面人类生活和生产活动的主要空间场所。土地与土地资源的概念是有区别的，土地可被认为是纯粹的自然综合体，土地一旦与人类生产活动联系起来，它就不单是自然综合体了，而成为一种资源。也就是说，它经过人们投入，从土地上得到收益，产生了价值，所说的土地资源，就是指具有价值的土地。

目前世界上土地资源的破坏和丧失是很严重的，其中与人类关系最大的是可耕土地。全世界适合农业用的耕地约占陆地面积的 1/10，而且各国、各地区分配极不成比例。例如：丹麦的耕地面积占全国的 65%，英国为 30%，美国为 20%，中国只占 10.4%。沙漠化、风蚀和水的冲刷是丧失耕地、破坏农田的主要原因，如不加以控制，全世界的可耕地会有 1/3 丧失掉，而工业城市的发展和地下资源的开采等也是土地面积缩小的另一重要因素。

一、土地的概念

土地的含义与土壤、国土及国土资源有着明显的区别。土壤是指地球表面上能够生长植物的疏松表层，它的本质特征是具有肥力；国土是指一个国家辖区内的版图，国土资源是包括土地资源、生物资源、水资源、矿产资源、海洋资源以及社会经济条件等多种资源、条件的综合体。土地与土地资源也有所不同，土地资源是指土地总量中，现在和可预见的未来能为人类利用、用以创造财富和产生经济价值的这部分土地，但习惯上土地与土地资源常常被不加区别地使用，相互通用。

二、土地的分类

土地资源类型多样，既可以按照自然特征分类又可以按照与人的关系和人类的作用分类，这里仅介绍一些常见的分类方法。

（1）按地形地貌，分为山地、丘陵、盆地、平原、漫岗等。

（2）按土地的基本自然特点，可分为：耕地资源、荒地资源、林地资源、草场资源、沼泽资源、水面资源、滩涂资源。

（3）按经济用途，分为耕地、园地、林地、牧草地、城镇村及工矿用地、交通用地、水域、未利用土地等 8 类。

（4）按生态系统类型，分为沙漠、隔壁、冰川、永冻土地、热带雨林、湿地等。

三、我国土地资源的特征

（一）土地类型复杂多样

我国幅员辽阔，土地类型复杂多样。

我国土地总面积为 960 万 km^2，其中高原占 26%，山地占 33.33%，丘陵占 9.9%，盆地占 18.75%，平原占 11.98%。除了约占 20.5%的荒漠、永久积雪山地、冰川以及占 7%的城市、工矿、交通设施以外，其余 72.5%的土地基本上属于已利用和可用于农林牧副渔业生产的土地资源。

（二）土地资源绝对数量大，人均相对数量小

尽管我国土地总面积占世界土地总面积的6.5%，耕地面积占世界耕地总面积的7%。但是，我国是世界上人口最多的国家，因此，根据早期的统计数据，按人均占有的土地资源数量计算，则各类土地资源的相对数量就显得很少，详见表3-1。

表3-1 我国与世界主要国家人均占有农业用地面积对比 亩/人

项　目	美国	澳大利亚	加拿大	巴西	中国	世界人均
土地总面积	64.8	819.2	642.7	109.2	14.7	46.47
耕地面积	12.9	47.6	28.7	4.2	1.50	5.5
林地面积	20.0	114.0	210.1	65.0	1.80	15.5
草地面积	16.7	480.4	15.1	21.4	4.40	11.4
农、林、牧用地	48.6	642.0	253.9	90.6	7.70	32.4

（三）山地多，平地少，耕地比重小

我国是一个多山国家，山地、高原和丘陵的面积约占土地总面积的69.27%；平原、盆地约占土地总面积的30.73%，耕地总面积仅占土地总面积的14.5%，与世界上领土较大的国家（如加拿大、美国、澳大利亚、巴西等）相比，我国山地总面积比重最大。

由于山多地少，致使我国耕地面积有限，限制了种植业的发展。按现行通用的统计数字，我国现有耕地比重比美国、印度都小，见表3-2。

表3-2 我国耕地比重与国外比较

项　目 国　家	土地总面积/亿亩	耕地面积/亿亩	耕地比重/%
中国	144.0	14.9	10.4
美国	140.5	28.0	20.0
印度	49.3	24.8	50.3

（四）土地资源分布不平衡，土地生产力地区差异大

我国土地资源不仅有限，而且分布不平衡，土地的水、热、肥等因素组合和土地生产能力在区间有很大差别。爱辉—兰州—腾冲一线的东南部是湿润、半湿润地区，是我国的主要农业区，在占全国总面积约48%的区域里集中了全国93%的耕地，同时也是畜牧业

比重较大的地区。区内不同的地区土地资源的性质和农业生产条件差别很大。

（五）难利用的土地多，耕地资源少

不易利用的土地如沙漠戈壁、石山裸地、冰川和永久积雪及海拔3000米以上的高寒土地比重很大，占国土总面积的1/3以上，对于发展农业及其他土地利用是一个十分不利的因素。而且我国耕地总体质量不高，全国大于25°的陡耕地近600万hm^2，有水源保证和灌溉设施的耕地只占40%，中低产田占耕地面积的79%。

除了自然条件的一些不利因素外，我国的土地资源多年来还遭到了各种严重的破坏。

四、我国土地资源开发利用中存在的问题

我国土地开发历史悠久，在土地资源开发、利用、保护和治理等方面都积累了丰富的经验，创造了举世瞩目的业绩。但由于自然的、历史的和现代的诸多原因，我国当前土地资源的形式及其严峻。

（一）水土流失严重

我国耕地的水土流失问题十分严重。每年土壤流失量达50亿t，相当于全国耕地被刮去1cm厚的土层。尤其是黄河流域的晋陕黄土高原段，流失最为严重。黄河含泥沙量高达37.5kg/m^3，每年带走16亿t泥沙，致使其成为世界含泥沙量最高的河流。水土流失容易，但要恢复到原状却十分困难。据测算，形成一寸表土大约需要经历300年的漫长岁月。

（二）土地荒漠化在扩展

由于过度放牧，牲畜与天然牧场之间的动态平衡失调，导致草原蜕变为沙漠、半沙漠。给牧区经济发展造成了极大困难。

造成土地沙漠化的原因是多方面的，有客观原因，但更多的却是人为的原因。过度放牧是草原退化为沙漠的重要原因；过度开垦耕地和自然植被的破坏使大量水土流失，最终也将导致农田土地的沙漠化。

沙漠化趋势近二三十年在不断扩大和发展。近30年平均每年沙化1677km^2，而近15年则增加到平均每年1778km^2，这是十分令人

忧虑的。如河西走廊的玉门附近，原来是一片以红柳为主的灌木林，20 世纪 50 年代，沙化面积仅占土地总面积 12.6%；但由于过度砍伐，到 80 年代，沙化面积扩大到 47.6%。内蒙古的沙化最为严重，88 个旗县中有 67 个存在沙化，沙化面积占全区面积的 76.8%，近 20 年沙化面积达 733 万 hm^2。因此，应该采取有效措施，大力保护天然植被，促进生态环境的恢复。

（三）盐渍化土地面积较大

土地盐渍化是指由于地下水位上升而临近地表，使土地表层盐分积累含量高。自然过程中土壤的盐渍化称原生盐渍化。由人类不合理的灌溉和耕作引起的土壤盐渍化称土壤次生盐渍化，是人类对土地资源破坏造成的。

我国目前有盐渍化土地约 3460 万 hm^2，其中耕地盐渍化面积为 760 万 hm^2。盐渍化耕地易溶盐的含量高、作物生长发育不良、产量低，如不治理，盐分越积越多，一旦超过作物耐盐的限度，作物就无法生长，不得不弃耕。

我国的盐渍地主要分布在黄淮平原、东北西部平原、黄河河套地区、西部干旱和半干旱地区及沿海地带。其中新、甘、宁、蒙四省区受盐渍化威胁的耕地占总耕地面积的 30%～40%。

（四）土地污染，耕地减少

土地污染主要来自用含有有机毒物和重金属的污水和废水进行农田灌溉、固体废物和城市垃圾堆放或填埋等污染物渗漏液、大量使用化肥和农药等。工业“三废”的排放和化学肥料、化学杀虫剂、除草剂的使用，使土壤中有毒物质剧增，从而破坏了土壤结构，造成肥力下降，有的甚至被迫弃耕、撂荒，造成严重的土壤污染，进一步使耕地面积减少。长期以来，我国工业废水排放量都在 200 亿 t 以上，还有大量城市生活污水，它们大部分未经处理而直接排入河道或灌溉系统。全国工业固体废物累计堆存量超过 65 亿 t，占地 5 万多 hm^2，还有大量城市垃圾占用大量土地。它们造成我国土壤大面积的污染，破坏了土壤的生态平衡，危害了人类。

五、我国保护土地资源的对策

（一）健全法制，加强管理，保护耕地

我国人多地少，人均耕地面积仅 1.4044 亩（按 13 亿人口计算），为世界平均水平的 44%，而且后备耕地资源极为贫乏。因此，要解决人民的吃饭问题，保证经济和社会可持续发展，必须健全法制，建立科学的管理体制，加强土地管理。1998 年 8 月 29 日，第九届全国人大常委会第四次会议修订的《中华人民共和国土地管理法》，明确规定国家实行土地用途管理制度，国家实行占用耕地补偿制度；实行农田保护制度，要采取有力措施，保护土地资源。

（二）积极防治水土流失、土地沙化及盐渍化

1. 规　划

1999 年 1 月国务院通过了《全国生态建设规划》，对防止和控制土地资源的生态破坏提出了明确的目标：从现在起到 2010 年，坚决控制人为因素产生新的水土流失，努力遏制荒漠化的发展。

水利部于 1997 年制定了跨世纪《全国水土保持建设规划》，对全国性的水土保持重点工程进行了统一规划。从 1998 年开始，经过 50 年左右的努力，将全国现有水土流失面积基本治理一遍，完成一批重点工程建设项目，在全国范围内坚决控制各种新的水土流失产生，遏制水土流失的发展，建立完善的水土保持、预防、监督和动态监测网络。

2. 21 世纪工程

我国在继续小流域治理和研究实施水土保持耕作法的同时，正在规划和实施大规模的生态林业工程，以期构筑一个强大的生态体系，从根本上扭转我国水土流失的趋势，改善生态环境，走上可持续发展的道路。目前正在实施的生态工程如下。

（1）在“三北”水土流失区，结合“三北”防风林体系建设，实现水土保持和防治沙漠两大目的。

（2）在长江流域水土流失区，建立以水土保持和水源涵养林为主体的生态防护体系。

（3）在沿海水土流失区，以防风和防止水土流失为目的，建立防浪护堤林、海岸林和农田保护林网。

（4）在淮河流域，建立多林种、多树种、多功能和多效益的生态经济型防护林体系。

（5）在珠江流域，同样建立水土保持和发展经济并举的防护林体系。

这些森林工程的建设，有的时间跨度远达 2050 年，空间跨度覆盖大半个中国，堪称空前伟大的跨世纪工程。

这些工程的建设将极大地改善我国水土流失的现状。如“三北”防风林体系工程已完成 1340 万 hm^2 的造林面积，使 1100 多万 hm^2 农田得到保护，900 多万 hm^2 荒漠和半荒漠化地带得到恢复和保护，近 800 万 hm^2 水土流失地域得到初步治理。

第三节 生物资源的利用与保护

一、生物资源的概念与分类

（一）生物资源概念

地球上的植物、动物、微生物等各种具有生命的有机体，构成了一类再生性的自然资源，即生物资源。根据联合国环境与发展大会 1992 年通过的《生物多样性公约》，生物资源是指对人类具有实际或潜在用途或价值的遗传资源、生物体或其部分、生物群体或生态系统中任何其他生物组成部分。由此可见，地球上所有的植物、动物和微生物等各种具有生命的有机体，都属于生物资源的范畴，因为它们可能在化学组分、器官、个体、群体一直到生态系统等的各个层次上，具有实际或潜在用途及价值，是人们利用的对象。

生物资源为人类提供了食物、衣物和住房，是农、林、牧、副、渔业经营的主要对象，同时也是重要的工业原料。生物的多样性还对保护土壤、涵养水源、调节气候和维持生态平衡、保护生态环境、美化和丰富人类的生活具有重要作用。人类社会的持续发展依赖于生物资源的可持续性。

（二）生物资源分类

生物资源分类的方式有许多种。按照生物种类，生物资源分为植物资源、动物资源和微生物资源。按照生态类型，生物资源分为森林生物资源、草原生物资源、沙漠生物资源、湿地生物资源、海洋生物资源、内陆水域生物资源等。按照利用目的，生物资源可分为食用类生物资源、药用类生物资源、工业用生物资源、保护和改造环境类生物资源、珍贵特产生物资源、有毒生物资源、观赏生物资源、实验动物资源、天敌生物资源等。

二、生物资源特点

（一）生物多样性

生物多样性是生物资源的一个基本特征。生物多样性包括地球上几百万种动物、植物、微生物及其所拥有的基因，以及它们与生态环境相互作用所形成的复杂生态系统。

（二）遗传多样性

遗传多样性的表现是多层次的，表现在外部形态上如花颜色的不同；然而，那些由于发育或环境变化引起的变化不属于遗传多样性的内容，如真菌随发育阶段的不同而出现的外部形态变化等。

（三）物种多样性

物种多样性是指生物群落中物种的丰富性和异质性，是生物多样性在物种水平上的表现形式。

（四）生态系统多样性

生态系统多样性是指生物圈内无机环境，生物群落和生态过程，以及生态系统内环境条件、生物群落和生态过程变化的多样性。

（五）生物多样性的资源价值

生物多样性对人类具有利用价值，这种资源价值表现在：

直接利用价值——表现在可供人类消费的作用，如作为食物、燃料和建材等；

生态价值——体现在维护生物团的功能，保证生物团物质和能量循环的进行；

科学价值——多样性的生物资源包含着丰富的信息，生态系统中生物种群的变化往往是生态环境变化的反映，具有科学研究的价值；

美学价值——可作为重要的旅游资源，促进旅游业的发展。

三、全球物种数目与中国的物种多样性

（一）全球物种数目

地球上生物物种极为丰富，据估计全世界有 1300 万～1400 万个物种，但科学描述过的仅有约 175 万种。一般而言，对高等植物和脊椎动物了解得比较清楚。对昆虫、低等无脊椎动物、微生物的了解则十分有限。每年有大量的物种被发现和记录。昆虫、低等无脊椎生物，尤其是微生物数量巨大。

生物物种在地球上不是均匀分布的，生物多样性丰富的国家主要集中于热带、亚热带地区，包括巴西、哥伦比亚、厄瓜多尔、秘鲁、墨西哥、扎伊尔、马达加斯加、澳大利亚、中国、印度、印度尼西亚和马来西亚等 12 个国家。

（二）中国生物多样性现状

由于各种自然和人为因素的作用，我国各个生态系统类型均受到了不同程度的破坏，其中森林生态系统和脆弱生态系统，如沙漠、草原、湿地等生态系统的破坏尤其严重。例如，中国的森林资源尤其是宝贵的原始林长期受到乱砍滥伐、毁林开荒及森林火灾与病虫害的破坏，使原始林每年减少 5000km^2。草原生态系统由于超载放牧、毁草开荒及鼠害等影响，退化面积为 90 万 km^2。水土流失包括水力侵蚀和风力侵蚀面积已达 367 万 km^2。淡水、海洋等自然生态系统也受到了人类活动的威胁，而种植业生态系统的良性循环体系也没有全面建立。

由于自然生态系统的破坏，物种的多样性受到严重威胁。根据《中国环境保护 21 世纪议程》，中国动植物种类中已有总物种数的 15%～20%受到威胁，高于世界 10%～15%的水平。在《濒危野生动植物种国际贸易公约》所列的 640 个物种中，中国就占了 156 种。近 50 年来，约有 200 种植物灭绝。高等植物中濒危和受威胁的高达 4000～5000 种，占总种数 15%～20%。许多野生的贵重药材如人参、天麻等濒临灭绝。根据植物濒危程度，1984 年国务院环境保护委员会公布了《中国珍稀濒危保护植物名录》（第一册）（1987 年，

国家环境保护局和中国科学院植物研究所修订)。确定珍稀濒危植物354种，其中：一级8种，二级143种，三级203种。

近百年来，有100余种动物绝迹，如高鼻羚羊、麋鹿、野马、犀牛、新疆虎等。大熊猫、金丝猴、东北虎、雪豹等20余种珍稀物种又面临绝灭的危险。一些过去常见的种如黄羊等也沦为稀有种。1988年国务院公布《国家重点保护野生动物名录》，确定国家重点保护动物257种，其中：一级保护96种，二级保护161种。

由于种群数量减少或绝灭，使种质资源缩小或消失而丧失了遗传基因。外来品种的引进和单纯追求高产，也使许多古老、土著品种遭受排挤而逐步减少甚至灭绝，如北京油鸡的数量剧减，九斤黄鸡、定县猪已经绝灭。中国生物多样性的严重损失，制约和妨碍了经济的进一步发展。

四、生态系统的恢复与重建

保护生物多样性的关键是恢复与重建生态系统，其主要内容如下。

(一) 建立自然保护区

通过建立自然保护区的方式，将代表性的自然生态系统和珍稀濒危野生生物及其生境保护起来，以维持在自然状态下生态系统内部物质能量流动与生态过程以及生物的繁衍与进化，保护野生生物物种。为此，到1993年底，我国已经建立自然保护区763处，面积达66万km^2，其中国家级自然保护区77处。此外，风景名胜区513处，9.6万km^2，其中国家级风景名胜119处，森林公园313处。

对濒危动物和珍稀动物实行禁猎或划定禁猎区，是保护动物资源的重要措施。我国在1988年11月18日已通过并颁布了《中华人民共和国野生动物保护法》，并对“捕杀国家重点保护的珍贵、濒危动物犯罪”作了补充规定。此外，我国还修订并公布了《国家重点保护野生动物名录》，并采取了相应的保护措施。

(二) 加强脆弱生态系统和特殊生境的保护管理

中国脆弱的生态系统主要有沙漠、草原、湿地等，特殊生境包括珊瑚礁、河口、高原陆地和湖泊。其工作重点是保护沙漠植被，治理沙化土地，保障沙漠绿洲的可持续经营。根据草地的承载力，发展牧业生产。在农牧交诺的生态脆弱带，禁止新的土地开垦，并在有条件的地方逐步做到退耕还牧。确立沼泽、滩涂等湿地的多功能目标，为其发挥特殊生态功能保留足够的面积。

（三）生态系统重建

对已被破坏或改作它用的生态系统采取重建的方针，确立具有良性循环的新的生态系统。根据“自然资源开发利用与保护增殖并重”“谁开发谁保护、谁利用谁补偿、谁破坏谁恢复”的原则，中国农业部门正在建设生态农业示范县工程，林业部门正在建设“三北”防护林体系、长江中下游防护林体系、沿海防护林体系、平原农田防护林体系，以及太行山等山区的绿化工程。这些工程是生态系统重建的一部分。

第四章　大气污染及其防治

第一节　大气及大气层结构

一、大　气

地球表面环绕着一层很厚的气体，称为环境大气或地球大气，简称大气。

二、大气的组成

自然情况下，大气的组成成分如表 4-1 所列，各成分具有的相应作用也列在表 4-1 中。

表 4-1　　大气的组成成分及各成分的作用

大气组成				主要作用
干洁大气	主要成分（99.96%）	N_2	78.08%	生物体的基本成分
		O_2	20.95%	维持生物活动的必要物质
		Ar	0.93%	
		CO_2	0.03%	植物光合作用的原料；对地面保温
	次要成分（0.04%）	氖、氦、氪、臭氧、甲烷等		
水蒸气				成云致雨的必要条件；对地面保温
固体杂质（气溶胶粒子）				成云致雨的必要条件

所有干洁大气的成分在自然状态下都是气体状态。

大气中的二氧化碳主要来源于有机物的燃烧、腐烂以及生物的呼吸，矿泉、地裂隙和火山喷发也向大气排出二氧化碳；所以大气中的二氧化碳也随时间和空间变化。

大气中的水蒸气来源于海洋、湖泊、江河、沼泽、潮湿地面及植物表面的蒸发或蒸腾作用。大气中的水蒸气一般是低纬度地区大于高纬度地区，沿海地区大于内陆地区，夏季大于冬季。在垂直方向水蒸气含量迅速减小，观测表明，在 1.5～2km 高度处空气中水蒸气含量只有地面附近的 1/2，在 5km 高度只有地面的 1/10。

大气气溶胶粒子是指悬浮于空气中的液体和固体粒子，包括水滴、冰晶、悬浮着的固体灰尘微粒、烟粒、微生物、植物的孢子花粉以及各种凝结核和带电离子等。它是低层大气的重要组成部分，是自然现象和人类活动的产物。

三、大气层的结构

大气层的空气密度随高度升高而减小，高度越高空气越稀薄。大气层的厚度大约在 1000km 以下，但没有明显的界限。整个大气层随高度不同表现出不同的特点，分为对流层、平流层、中间层、暖层和散逸层，再上面就是星际空间了。图 4-1 表示了大气的分层结构。

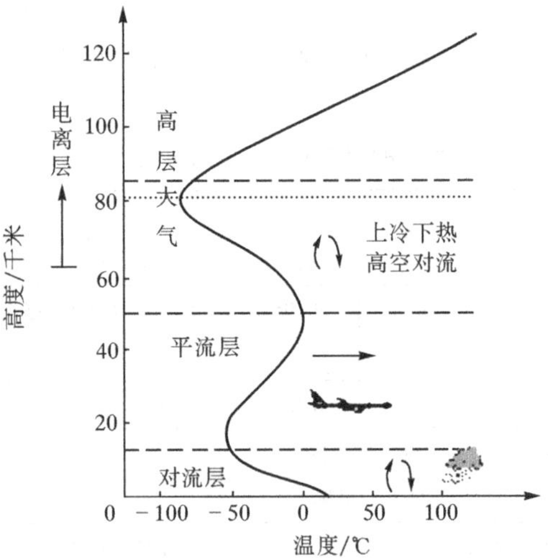

图 4-1　大气的垂直分层

（1）对流层。对流层在大气层的最低层，紧靠地球表面，其厚度大约为 10～20km。对流层的大气受地球影响较大，云、雾、雨等现象都发生在这一层内，水蒸气也几乎都在这一层内存在。这一层的气温随着高度的增加而降低，大约每升高 1000m，温度下降 5～

6℃。动植物的生存，人类的绝大部分活动，也在这一层内进行。因为这一层的空气对流很明显，故称对流层。

（2）平流层。对流层上面，直到高于海平面 50km 这一层，气流主要表现为水平方向运动，对流现象减弱，这一大气层叫做“平流层”，又称“同温层”。这里基本上没有水蒸气，晴朗无云，很少发生天气变化，适于飞机航行。在 20～30km 高处，氧分子在紫外线作用下形成臭氧层，像一道屏障保护着地球上的生物免受太阳紫外线的袭击。

（3）中间层。平流层以上是中间层，大约距地球表面 50～85km，这里的空气已经很稀薄，突出的特征是气温随高度增加而迅速降低，空气的垂直对流强烈。

（4）暖层。中间层以上是暖层，大约距地球表面 80～1000km。暖层最突出的特征是当太阳光照射时，太阳光中的紫外线被该层中的氧原子大量吸收，因此温度升高，故称暖层。

（5）电离层。大气因受太阳辐射，温度较高，气体分子或原子大量电离，复合机率又少，形成电离层，能导电，反射无线电短波。人类还借助于暖层，实现短波无线电通信，使远隔重洋的人们相互沟通信息。经常会出现许多有趣的天文现象，如极光、流星等。

第二节　大气污染与大气污染物

一、大气污染

在干洁的大气中，痕量气体的组成是微不足道的。但是在一定范围的大气中出现了原来没有的微量物质，其数量和持续时间都有可能对人、动物、植物及物品、材料产生不利影响和危害。大气中污染物质的浓度达到有害程度，以致破坏生态系统和人类正常生存和发展的条件，对人或物造成危害的现象叫做大气污染。

二、大气污染源

大气污染来源从总体看可分为自然源和人为源。由自然源造成的污染多为暂时的、局部的；由人为源造成的污染通常延续时间长、范围广。随着人类经济活动和生产的迅速发展，在大量消耗能源的同时，也将大量的废气、烟尘物质排入大气，严重影响了大气环境的质量，特别是在人口稠密的城市和工业区域。当前面临的大气污染多与人为活动有关，称为人工污染源。

(1) 如果按空间分布，大气污染源可以分为以下几种。

① 点源。污染物集中于一点或相当于一点的小范围排放源，如工厂烟囱排放源。

② 线源。交通干线两侧汽车尾气污染源。

③ 面源。在相当大面积范围内有许多个污染排放源，如一个大城市内的许多污染物排放源。

(2) 如果从产生的来源来看，大气污染源可以分为以下几种。

① 生活污染源。城市居民、机关和服务性行业，由于烧饭、取暖、沐浴等生活上的需要，燃烧矿物燃料，向大气排放煤烟、油烟、废气等造成大气污染；城市生活垃圾在堆放过程中厌氧分解排出的二次污染物和垃圾焚烧过程中产生的废气等。

② 工业污染源。大气污染的重要来源，包括燃料燃烧排放的污染物、工艺生产过程中排放的废气（如化工厂向大气排放的具有刺激性、腐蚀性、异味和恶臭的有机和无机气体；炼焦厂排放的酚、苯、烃类和化纤厂排放的氨、二硫化碳、甲醇、丙酮等有毒有害物质）以及生产过程中排放的各类金属和非金属粉尘。由于工业企业的性质、规模、工艺过程、原料和产品等种类不同，对大气污染的程度也不同。

③ 交通污染源。由行驶中的汽车、火车、船舶和飞机等交通工具，排放出含有一氧化碳、碳氢化合物、含铅等污染物的尾气造成大气污染。从目前来看，排放污染物最多的还是汽车。近年来，我国的公路交通发展很快，汽车排放的废气在一些大城市也已成为主要的空气污染源。

④ 农业污染源。农业机械运行时排放的尾气；农田施用化学农药、化肥、有机肥时有害物质直接逸散到大气中，或从土壤中经分解后向大气排放的有毒、有害及恶臭气态污染物等；露天燃烧秸秆、树叶或者废弃物等。

⑤ 沙尘污染源。由于农村和城市过度开发，植被和水面遭受破坏而减少或消失，地表裸露，地面沙尘被风力或交通工具扬起，可吸入颗粒物悬浮于大气中，造成大气污染。2000 年 4 月 29 日修改后的《大气污染防治法》特别加强了对这一污染源的防治。

三、大气污染物

（一）大气污染物概念

大气污染物指由于人类活动或自然过程排入大气中，并对人和环境产生有害影响的那些物质。

（二）大气污染物分类

大气污染物的种类很多，目前已知约有 100 多种。按其存在状态可分为两大类：一种是气溶胶状态污染物，另一种是气体状态污染物。

大气污染物还可以根据其形成过程的不同，分为一次污染物和二次污染物。

1．气体状态的污染物

气体状态的污染物是指某些污染物在常温下以分子状态分散在空气中，运动速度较大，扩散快，并在空气中分布均匀，许多污染物可扩散到很远的地方。

常见的气体状态的污染物分类如表 4-2 所列，有硫氧化物、氮氧化物、碳氧化物、碳氢化合物和臭氧等。

表 4-2　　气体状态污染物分类

污染物名称	代表性物质	主要来源	危　害
硫氧化物	SO_2，SO_3	几乎所有工业企业	刺激性，腐蚀作用，酸雨
氮氧化物	NO，NO_2	燃料的燃烧过程	刺激性，腐蚀性，光化学污染，烟雾
碳氧化物	CO_2，CO	燃料的燃烧和加工、汽车排气	CO 引起缺氧窒息；浓度达 1%时，人会在 2min 内死亡
碳氢化合物	TVOC	汽车排放	化学烟雾
臭氧	O_3	汽车尾气	光化学烟雾，刺激性

2．颗粒状污染物

颗粒状污染物也称气溶胶污染物或气体中的微粒污染物，包括粉尘、烟、雾、降尘、飘尘、总悬浮物和液滴等。

（1）粉尘。粉尘指悬浮于气体介质中的小固体粒子，形状不规则，尺寸（粒径）通常在 1～200μm。

（2）烟。烟是指由冶金过程形成的固体颗粒的气溶胶，颗粒尺寸很小（0.01～1μm），粒径一般小于1μm。

（3）雾。雾是由蒸汽凝结和化学反应形成的液体颗粒。烟雾是煤烟、粉尘和水蒸气的集合体，典型的烟雾粒径为0.5～1μm。

（4）飘尘。飘尘指的是粒径小于10μm的微粒（烟气、煤烟、雾），能在大气中长期飘浮的悬浮物质，能被人直接吸入呼吸道内造成危害（可吸入颗粒物PM10）；易将污染物带到很远的地方，导致污染范围扩大；为化学反应提供反应床。

3．一次大气污染物（原发性污染物）

一次大气污染物是指由人为污染源或自然污染源直接排放到环境中的原始物质，进入大气后其物理、化学性状均未发生变化的污染物。

一次污染物包括各种气体、蒸汽和颗粒物，最主要的是二氧化硫、一氧化碳、氮氧化物、颗粒物、碳氢化合物等。

4．二次大气污染物（续发性污染物）

二次大气污染物是指由污染源排入环境中的一次污染物与大气中原有成分，或几种一次污染物之间，发生了一系列的化学变化或光化学反应，形成了与原污染物性质不同的新污染物。

二次污染物包括硫酸烟雾、光化学烟雾等，这类物质的颗粒微小，通常在0.01～1.0μm，其毒性比一次污染物还强。

5．总悬浮颗粒物（TSP）和可吸入颗粒物（PM10）

在我国的环境质量标准中，还根据粉尘（烟尘）颗粒的大小，将其分为：

总悬浮颗粒物（TSP），是指能悬浮在空气中，空气动力学当量直径小于等于100μm的颗粒物；

可吸入颗粒物（PM10），是指悬浮在空气中，空气动力学当量直径小于等于10μm的颗粒物。

四、全球性大气污染问题

国外大气污染从18世纪末到20世纪中，主要为煤烟型污染，主要污染物为二氧化硫、烟尘。历史上的大气污染公害事件如伦敦烟雾事件、比利时马斯河谷烟雾事件、美国多诺拉烟雾事件等，都属于煤烟型污染带来的灾害。

20世纪50—60年代，主要为“石油型”污染和复合型污染。

表现为以下几方面。

(一) 酸 雨

酸雨是复杂的大气化学和大气物理现象，是由自然排放和人为活动等释放到大气中的二氧化硫或氮氧化物通过氧化反应（气相或液相反应），生成硫酸或硝酸和亚硝酸，附着在凝结核上降落到地面上的。

大气中的二氧化硫和氮氧化物主要来源于煤和石油的燃烧，它们在空气中氧化剂的作用下形成溶解于雨水的酸。据统计，全球每年排放进大气的二氧化硫约 1 亿 t，二氧化氮约 5000 万 t，所以酸雨主要是人类生产活动和生活造成的。

目前，全球已形成三大酸雨区。我国酸雨区覆盖四川、贵州、广东、广西、湖南、湖北、江西、浙江、江苏和青岛等省市部分地区，我国面积达 380 多万 km^2 的酸雨区是世界三大酸雨区之一。我国酸雨区面积扩大之快、降水酸化率之高，在世界上是罕见的。世界上另两个酸雨区是以德、法、英等国为中心，波及大半个欧洲的北欧酸雨区，以及包括美国和加拿大在内的北美酸雨区。这两个酸雨区的总面积大约 1000 多万 km^2。酸雨是由大气污染造成的，而大气污染是跨越国界的全球性问题，所以，酸雨是涉及世界各国的灾害，需要世界各国齐心协力、共同治理。

酸雨给地球生态环境和人类社会经济都带来了严重的影响和破坏。研究表明，酸雨对土壤、水体、森林、建筑、名胜古迹等人文景观均带来了严重危害，不仅造成重大的经济损失，更危及人类的生存和发展。

酸雨使土壤酸化，肥力降低，有毒物质毒害作物根系，杀死根毛，导致作物发育不良或死亡。

酸雨会杀死水中的浮游生物，减少鱼类食物来源，破坏水生生态系统；酸雨污染河流、湖泊和地下水，直接或间接危害人体健康，如在瑞典的 9 万多个湖泊中，已有 2 万多个遭到酸雨危害，其中 4000 多个成为无鱼湖。

酸雨对森林的危害更不容忽视，酸雨淋洗植物表面，直接伤害或通过土壤间接伤害植物，促使森林衰亡。北美酸雨区已发现大片森林死于酸雨。德、法、瑞典、丹麦等国已有 700 多万 hm^2 森林正在衰亡，我国四川、广西等省区有 10 多万 hm^2 森林也正在衰亡。

酸雨对金属、石料、水泥、木材等建筑材料均有很强的腐蚀作用，因而对电线、铁轨、桥梁、房屋等均会造成严重损害。如加拿大的议会大厦，我国四川的乐山大佛、北京卢沟桥的石狮和附近的石碑，五塔寺的金刚宝塔等均遭酸雨浸蚀而严重损坏。

图 4-2　被酸雨破坏后的树木

（二）全球变暖和气候变化

大气能使太阳短波辐射到达地面，但地表向外放出的长波热辐射线却被大气吸收。在地球大气成分中，二氧化碳的含量虽然只有0.031%，但它却同水蒸气一样，对红外长波辐射具有强烈的吸收作用。也就是说，地面发生的长波辐射被大气中的二氧化碳“截留”，而没有使地面发生的长波辐射散逸到宇宙空间去，从而使低层大气增温。这种只允许太阳短波辐射进入而阻挡地面长波辐射散失的增温效应，类似于栽培农作物的温室，故名温室效应。

温室效应告诉我们，如果大气中的二氧化碳含量逐渐增加，全球的大气平均温度将逐步升高。自从工业革命之后，尤其是在过去的一个世纪内，由于工业的飞速发展，化石燃料的大量燃烧，大气中二氧化碳的含量已增加了约5%。

大气中二氧化碳的含量增加时，将有一部分二氧化碳溶解于海水中，以碳酸氢根离子的形式贮存起来，而且绿色植物的光合作用也会消耗一部分二氧化碳。但是，如果人类毫无节制地大量燃烧化石燃料，大肆砍伐森林，则大气中二氧化碳的含量势必迅猛增加。

当二氧化碳增加的量超过了海洋溶解吸收的能力后，“多余的”二氧化碳将长期地保留在空气中。这是因为，当旧的平衡被破坏之后，要达到海洋与大气之间二氧化碳含量的新平衡，需要很长的时间。而这段滞后时间，可能长到足以引起气候上的较大变化。

随着人类活动范围的扩大，二氧化碳、沼气、氧化氮等温室效应气体含量逐渐增加，地球表面温度也随之升高。政府间气候变化专门委员会（IPCC）得出的几个结论是：在过去的100年间，地球的平均温度升高0.3～0.6℃，海平面高度增加了10～25cm。气温和海平面高度仍会持续上升。众多模型的模拟结果表明，到2030年气温将升高1～3.5℃，海平面将上升15～95cm。

地球表面温度的上升带来了一系列问题，从长远来看这一问题正在逐渐严峻。

（1）由于海平面上升，部分国家的国土面临着被淹没的危险。二氧化碳引起的温度升高，最终将导致北美格陵兰与南极冰盖的融化，加上其他高山冰川的消融，全球的海平面将逐步上升。对于世界各大河流入海处三角洲地带的经济和社会生活将带来灾难性的冲击和影响。如我国的长江、孟加拉国的恒河、巴基斯坦的印度河、埃及的尼罗河以及南美洲哥伦比亚的马格达雷纳河等河口周围地区，都是人口密集、经济繁荣的“黄金地带”。但是，这些地区地势低洼，尤其像我国的天津、上海等大城市，都是在千百年前刚刚退海成陆的滨海之区兴建起来的，因此海平面只要稍有上升，就会发生海水倒灌而加重盐渍化程度的问题，或者径直沉于海底。

（2）对生态系统的影响。二氧化碳引起温度升高，导致暴雨、干旱等异常气候增加，部分珍稀遗传基因减少，沙漠化面积增大，水资源短缺的现象更为严重。温度升高还会导致各种农作物病虫害的发生，粮食作物产量下降，粮食不足问题加剧，热带传染病发生增多（疟疾、霍乱等）。高温引起用于空调等的能源增加，进而引发能源危机。

二氧化碳是全球变暖的原因之一。燃烧石油和汽油时会排出大量的二氧化碳。日本、美国、俄罗斯等国家都是二氧化碳的排放大国。控制全球变暖，就必须减少大气中的温室气体含量，其中关键的问题是控制CO_2的含量。发达国家负有减少温室气体的主要责任。基本控制对策主要是开发利用新能源、开发替代能源、发展核能与氢能。另外，从我们自身做起，以“低碳生活”的生活态度，尽力减少能量的耗用来降低碳，特别是二氧化碳的排放量，从而减少对大气的污染，减缓生态恶化。

（三）臭氧层破坏

臭氧（O_3）是一种有臭味的气体，常温下呈浅蓝色。大气中的臭氧含量仅为一亿分之一，但在离地面20～30km的平流层中，有一个臭氧含量较高的臭氧层，其中臭氧的含量占这一高度空气总量的十万分之一。臭氧层的臭氧含量虽然极其微少，但它好像一个巨大的过滤网，可以吸收和滤掉太阳光中有害的紫外线。由于臭氧层有效地挡住了来自太阳紫外线的侵袭，才使得人类和地球上各种生命能够存在、繁衍和发展。

但近地低空中（对流层）的臭氧却是一种污染物。低层臭氧含量的增加可以引起光化学烟雾，危害森林、作物、建筑物等。臭氧还会直接引起人的机体失调和中毒。

1985年，英国科学家观测到南极上空出现臭氧层空洞，并证实其同氟利昂（CFCs）分解产生的氯原子有直接关系。氟利昂等消耗臭氧物质是破坏臭氧层的“元凶”。氟利昂是20世纪20年代合成的，其化学性质稳定，被当做制冷剂、发泡剂和清洗剂，广泛用于家用电器、泡沫塑料、日用化学品、汽车、消防器材等领域。80年代后期，氟利昂的生产达到了高峰，产量达到了年产144万t。在对氟利昂实行控制之前，全世界向大气中排放的氟利昂已达到了2000万t。由于它们在大气中的平均寿命达数百年，所以排放的大部分仍留在大气层中，其中大部分仍然停留在对流层，一小部分升入平流层。在对流层相当稳定的氟利昂，在上升进入平流层后，在一定的气象条件下，会在强烈紫外线的作用下被分解，分解释放出的氯原子同臭氧会发生连锁反应，不断破坏臭氧分子。科学家估计，一个氯原子可以破坏数万个臭氧分子。

臭氧层被破坏的后果是很严重的。如果平流层的臭氧总量减少1%，预计到达地面的有害紫外线将增加2%。有害紫外线的增加，会产生以下一些危害。

（1）使皮肤癌和白内障患者增加，破坏人的免疫力，使传染病的发病率增加。

（2）过量的紫外线辐射会使植物的生长和光合作用受到抑制，使农作物减产。紫外线辐射也使处于食物链底层的浮游生物的生产力下降，从而损害整个水生生态系统。紫外线辐射也可能导致某些生物物种的突变。

（3）过量的紫外线能使塑料等高分子材料更加容易老化和分解，带来光化学大气污染。

1985年，在联合国环境规划署的推动下，制定了保护臭氧层的《维也纳公约》。1987年，联合国环境规划署组织制定了《关于消耗臭氧层物质的蒙特利尔议定书》，对8种破坏臭氧层的物质（简称受控物质）提出了削减使用的时间要求。这项议定书得到了163个国家的批准。中国于1992年成为《蒙特利尔议定书》的签署国。

中国由于经济持续高速增长，家用电器、泡沫塑料、日用化学品、汽车、消防器材等产品都大幅度增长，受控物质使用量比1986年增长了一倍以上，成为世界上使用受控物质最多的国家之一。

从各项国际环境条约执行情况来看，这项议定书执行得是最好的。目前，向大气层排放的消耗臭氧层物质已经逐年减少。但是，由于氟利昂相当稳定，可以存在50～100年，即使议定书完全得到履行，臭氧层的耗损也只能在2050年以后才有可能完全复原。大约再过20年，人类才能看到臭氧层恢复的最初迹象，只有到21世纪中期臭氧层含量才能达到20世纪60年代的水平。

五、中国大气污染现状

以煤为主的能源消费结构以及工业结构和布局不尽合理，普遍形成城市大气总悬浮颗粒物超标、二氧化硫污染保持在较高水平的煤烟型污染。2005年监测的522个城市中，39.7%的城市处于中度或重度污染。颗粒物仍是影响中国环境空气质量的首要污染物。

城市机动车保有量快速增加。2005年，中国汽车保有量超过3100万辆，城市机动车尾气排放污染物剧增，机动车尾气排放已经成为大城市空气污染的重要来源，许多大城市大气污染已由煤烟型向煤烟、交通、氧化型等共存的复合型污染转变。氮氧化物污染呈加重趋势，其中氮氧化物排放量已占总量的50%，一氧化碳占85%。另外，中小城市机动车保有量也将日益增加，如不及时提高机动车尾气排放标准和燃油品质，到2015年，城市机动车污染物排放量将比2000年提高1倍。

除燃煤外，工业粉尘、地面扬尘、建筑工地尘、土壤风蚀尘等都对空气中颗粒物含量有较大影响，特别是可吸入颗粒物对人体健康造成的危害更大，目前大多数城市人口长期生活在可吸入颗粒物超标的环境空气中。由于大规模建筑施工等人为活动，引起扬尘污染加重。部分地区生态被破坏，使得我国北方沙尘暴污染有所加重。

由于硫氧化物、氮氧化物等致酸物质的排放仍未得到有效控制，全国已形成华中、西南、华东、华南等多个酸雨区，尤以华中酸雨区为重。我国酸雨属硫酸型，主要来源于大量的二氧化硫排放。我国酸雨的特征是 pH 值低、离子浓度高，硫酸根（SO_4^{2-}）、氨离子（NH_4^+）和钙离子（Ca^{2+}）浓度远远高于欧美，而硝酸根（NO_3^-）浓度则低于欧美。

第三节　大气污染的危害

大气污染对人体健康、动植物、器物和材料及大气能见度和气候皆有重要危害。

一、大气污染对人体的危害

成年人每天约吸入 10～12m^3 空气，大气中的有害化学物质一般是通过呼吸道进入人体的，也有少数的有害化学物质经消化道或皮肤进入人体。大气污染对人体健康的影响，取决于大气中有害物质的种类、性质、浓度和持续时间，也取决于人体的敏感性，对人体造成的危害也不尽相同。大气中的有害物质侵入人体，造成的主要危害表现在以下几方面。

（1）直接刺激呼吸道的有害化学物质（如二氧化硫、硫酸雾、氯气、臭氧、烟尘）被吸入后，首先刺激上呼吸道黏膜表层的迷走神经末梢，引起支气管反射性收缩和痉挛、咳嗽、喷嚏和气道阻力增加。在毒物的慢性作用下，呼吸道的抵抗力会逐渐减弱，诱发慢性呼吸道疾病，严重的还可引起肺水肿和肺心性疾病。流行病学调查资料表明，城市大气污染是慢性支气管炎、肺气肿和支气管哮喘等疾病的直接原因或诱因。大气污染严重的地区，呼吸道疾病总死亡率和发病率都高于轻污染区。慢性支气管炎症状随大气污染程度的增加而加重。

（2）大气中的无刺激性有害气体例如一氧化碳，由于不能为人体感官所觉察，其危害比刺激性气体还要大。一氧化碳通过呼吸道进入血液，可形成碳氧血红蛋白，造成低血氧症，使组织缺氧，影响中枢神经系统和酶的活动，人出现头晕、头痛、恶心、乏力，严重时会昏迷致死。

（3）在城市，特别是某些工厂附近的大气中，还含有潜在危害的化学物质，如镉、铍、锑、铅、镍、铬、锰、汞、砷、氟化物、石棉、有机氯杀虫剂等。它们虽然含量很低，但可在体内逐渐蓄积。大气中的这些有毒污染物，还可降落在农作物上、水体和土壤内，然后被农作物吸收并富集于蔬菜、瓜果和粮食中，通过食物和饮水也能在人体内蓄积，造成慢性中毒。这些物质对机体的危害，在短期内并不明显，但经过长期蓄积，也会引起远期效应，影响神经系统、内脏功能和生殖、遗传等。

（4）大气中某些有害化学物质，大部分是有机物，如多环芳烃及其衍生物；只有小部分是无机物，如砷、镍、铍、铬等，但具有致癌作用。在严重污染城市的大气烟尘和汽车废气中，可检出30多种多环芳烃组分，其中苯并芘的存在比较普遍，致癌性也最强。20世纪50年代以来，各国城市居民的肺癌发病率和死亡率都在逐渐增高，而且在有的地区，肺癌已超过其他癌症上升为第一位。

二、大气污染对动植物的危害

大气受到严重污染时，动物会由于吸入有害物质而中毒或死亡。但大气污染对动物的危害，往往是由于动物食用或饮用积累了大气污染物的植物和水。大气污染物浓度超过植物的忍耐限度，会使植物的细胞和组织器官受到伤害，生理功能和生长发育受阻，产量下降，产品品质变坏，群落组成发生变化，甚至造成植物个体死亡，种群消失。植物受大气污染物的伤害一般分为两类：受高浓度大气污染物的袭击，短期内即在叶片上出现坏死斑，称为急性伤害；长期与低浓度污染物接触，因而生长受阻，发育不良，出现失绿、早衰等现象，称为慢性伤害。

图4-3　光化学烟雾对植物叶片的危害

三、大气污染对器物和材料的危害

大气污染是城市地区经济损失的一大原因。这种损害有不同的形式，如腐蚀金属、侵蚀建筑材料、使橡胶制品脆裂、损坏艺术品、使有色材料褪色等。此外，颗粒物沉积在高压输电线绝缘器件上，在高湿度时可成为导体而造成短路事故。大气污染物还能在电子器件接触器上生成绝缘膜层。

四、大气污染对大气能见度的影响

大气能见度是反映大气透明度的一个指标。一般定义为具有正常视力的人在当时的天气条件下还能够看清楚目标轮廓的最大地面水平距离。大气能见度与当时的天气情况密切相关。当出现降雨、雾、霾、沙尘暴等天气时，大气透明度较低，能见度较差。

近年来由于空气污染，城市中的大气能见度均显著下降。在逆温、静风、降温前、相对湿度较大等气象条件下，霾的天气现象时常发生。

雾和霾（haze）在本质上都是一样的，其核心物质都是灰尘颗粒，大都由灰尘和汽车尾气中的污染物组成，但两者在空气中的水分含量不同，水分含量低于 70 时称为“霾”，水分含量达到 70 以上的则叫“雾”。中国气象局的《地面气象观测规范》中，灰霾天气被这样定义：“大量极细微的干尘粒等均匀地浮游在空中，使水平能见度小于 10km 的空气普遍有混浊现象，使远处光亮物微带黄、红色，使黑暗物微带蓝色。”

目前，在我国的部分区域存在着 4 个灰霾严重地区：黄淮海地区、长江河谷、四川盆地和珠江三角洲。

第四节　影响大气污染的气象因素

污染物在大气中的污染程度，除了取决于排放的污染物总量外，还同风与湍流、大气稳定度等气象因素和地形等因素有关。如 1930 年 12 月比利时的马斯河谷烟雾事件，1948 年 10 月美国的多诺拉烟雾事件都是出现在铁厂、锌厂、硫酸厂等山谷地区的工厂区，而且处于无风、有逆温层的气象条件。

一、风与湍流

大气运动包括了有规则的平直的水平运动（称为风）和不规则的、紊乱的湍流运动，实际的大气运动就是这两种运动的叠加。

描述风的两个要素为风向和风速。风对污染物的扩散有两个作用：整体的输送和污染物的冲淡稀释。风向决定了污染物迁移运动的方向，风速则影响污染物的稀释程度。风速越大，一定空间内单位时间与污染物混合的清洁空气量越大，冲淡稀释的作用就越好。

大气中不同于主流方向（风）的无规则运动，称做湍流。湍流运动造成大气中各组分间的强烈混合。当污染物由污染源排入大气中时，高浓度部分污染物由于湍流混合，不断被清洁空气渗入，同时又无规则地分散到其他方向去，使污染物不断地被稀释、冲淡。大气湍流与大气的垂直稳定度有关，又与近地面状况有关。

风和湍流是决定污染物在大气中扩散状况的最直接的因子，也是最本质的因子，是决定污染物扩散快慢的决定性因素。风速愈大，湍流愈强，污染物扩散稀释的速率就愈快。因此，凡是有利于增大风速、增强湍流的气象条件，都有利于污染物的稀释扩散，否则，将会使污染加重。

二、大气稳定度

大气稳定度是空气团在铅直方向的稳定程度。气象学家把近地层大气划分为稳定、中性和不稳定三种状态。当大气处于稳定状态时，湍流受到限制，大气不易产生对流，因而大气对污染物的扩散能力很弱，易引起污染。当大气处于不稳定状态时，空气对流受阻小，湍流可以充分发展，对大气中的污染物扩散稀释能力就很强。

（一）烟流形状与大气稳定度的关系

通过大气稳定度对烟流扩散的影响，可以直观地看出大气稳定度与污染物扩散的关系。

（1）波浪型。多出现于太阳光较强的晴朗中午。烟云上下摆动很大。大气处于不稳定状态。由于扩散速度快，靠近污染源地区污染物落地浓度高，对附近居民有害，一般不会造成烟雾事件。

（2）锥型。多出现于多云或阴天的白天，强风或冬季的夜间。

烟云离开排放口一定距离后，云轴仍基本保持水平，外形似一个椭圆锥。烟云比波浪型规则，扩散能力比它弱。污染物输送得较远。

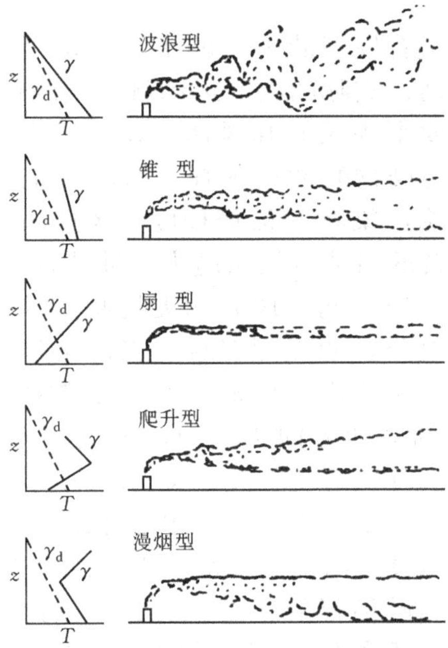

图 4-4　烟流形状与大气稳定度的关系

（3）扇型。多出现于弱晴朗的夜晚和早晨。烟云在垂直方向上扩散速度很小，在水平方向缓慢扩散。大气处于稳定状态。污染物可传送到较远的地方，遇山或高大建筑物阻挡时，污染物不易扩散。

（4）爬升型。多出现在日落后，因地面大气稳定，高空大气不稳定，烟云的下侧边缘清晰，呈平直状，而其上部出现湍流扩散。这种烟型对地面影响较轻。

（5）漫烟型。与爬升型相反，日出后，烟云的上侧边缘清晰，呈平直状，而其下部出现较强的湍流扩散，排出口上方烟云就好像被盖子盖住，只能向下部扩散，像熏烟一样直扑地面。在污染源附近污染物的浓度很高，地面污染严重，这是最不利于扩散和稀释的气象条件。

（二）逆　温

一般情况下，大气温度随着高度增加而下降，每上升 100m，温度降低 0.6℃左右。换言之，在数千米以下，总是低层大气温度高、密度小，高层大气温度低、密度大，显得“头重脚轻”。这种大气层结容易发生上下翻滚即“对流”运动，可将近地面层的污染物向高空乃至远方疏散，从而使城市上空污染程度减轻。

可是在某些天气条件下，一地上空的大气结构会出现气温随高度增加而升高的反常现象，从而导致大气层结“脚重头轻”，气家学家称之为“逆温”，发生逆温现象的大气层称为“逆温层”。它像一层厚厚的被子罩在城乡上空，上下层空气减少了流动，近地面层大气污染物“无路可走”，只好原地不动，越积越多，空气污染势必加重。

导致“逆温”现象的原因有多种。根据逆温形成的原因可分为辐射逆温、平流逆温、湍流逆温、下沉逆温和锋面逆温 5 种逆温形式。

三、地方性风场

大气环境污染除了与不利气象条件有关外，还与特殊的地方性风场，如海陆风和山谷风以及城市热岛效应有关。

（一）海陆风

由于海洋和陆地的昼夜温差不同，沿海、沿湖地区便会产生海陆风。也就是夜间大陆冷得快、海洋冷得慢，便产生由大陆吹向海洋的陆风，白天午后便产生相反的海风。这股凉风不但把夜里由陆风带到湖海的污染物又带回来，而且也阻止了这些城镇排放的污染物往海上、湖上扩散，从而造成或加重了这些城镇的地方性大气污染。

（二）山谷风

山谷风是山风和谷风的总称。它发生在山区，是以 24h 为周期的一种大气局地环流。这时若有大量污染物排入山谷中，由于风向的摆动，污染物不易扩散，在山谷中停留时间较长，有可能造成严重的大气污染。

（三）城市热岛效应

城市热岛效应是指城市中的气温明显高于外围郊区的现象。在近地面温度图上，郊区气温变化很小，而城区则是一个高温区，就像突出海面的岛屿，由于这种岛屿代表高温的城市区域，所以就被形象地称为城市热岛。城市热岛效应使城市年平均气温比郊区高出1℃，甚至更多。夏季，城市局部地区的气温有时甚至比郊区高出6℃以上。此外，城市密集高大的建筑物阻碍气流通行，使城市风速减小。由于城市温度经常比乡村高（特别是夜间），气压比乡村低，所以可以形成一种从乡村吹向城市的特殊的局地风，称为城市热岛环流或城市风。

这种风在市区会合就会产生上升气流，并在300～500m高度向四周辐射。因此，若城市周围有较多排放污染物的工厂，就会使污染物在夜间向市中心输送，造成严重污染，特别是夜间城市上空有逆温存在时。

沈阳市是内陆地区，冬天如果白天是无风或微风的晴朗天气条件，日落后大气污染天气特别容易发生，主要是由于逆温和城市热岛效应双效作用。

第五节　大气污染防治

第二次世界大战以后，随着工业和交通事业的发展，社会生产力突飞猛进，石油在能源结构中的比重不断上升，以致大气污染物的种类越来越多，大气污染日益严重，给人类的健康、动植物的生长、建筑物和生产设备的使用寿命等带来严重的危害。从20世纪60年代起，许多国家相继开展大气污染防治的研究，对硫化物、氮氧化物、烟尘等主要的大气污染物进行了单项治理和综合防治，初步形成了大气污染防治工程体系。

一、《环境空气质量标准（GB 3095—1996)》

《环境空气质量标准（GB 3095—1996)》是根据《中华人民共和国环境保护法》和《中华人民共和国大气污染防治法》，为改善环境空气质量，防止生态破坏，创造清洁适宜的环境，保护人体健康而制订的标准。本标准规定了环境空气质量功能区划分、标准分级、污染物项目、取值时间及浓度限值，采样与分析方法及数据统计的有效性。本标准适用于全国范围的环境空气质量评价。环境空气质量功能区分为三类：一类区为自然保护区、风景名胜区和其他需要特殊保护的地区；二类区为城镇规划中确定的居民区、商业交通居民混合区、文化区、一般工业区和农村地区；三类区为特定工业区。

空气环境质量分为三级：一类区执行一级标准，二类区执行二级标准，三类区执行三级标准。共限定了6种污染物的浓度值：SO_2，TSP，PM10，NO_x，CO，O_3，Pb，B[a]P，F。标准同时配有各项污染物分析方法。

二、空气污染指数

空气污染指数（Air Pollution Index，简称API）首先由美国在20世纪70年代提出，是世界上许多发达国家和地区用来评估空气质量状况的一种指标。它是将常规监测的几种空气污染物浓度简化为单一的概念性指数值形式，并分级表征空气污染程度和空气质量状况，它适合表示城市的短期空气质量状况和变化趋势。

根据我国空气污染的特点和污染防治重点，目前计入空气污染指数的项目暂定为：二氧化硫、氮氧化物和总悬浮颗粒物。我国目前采用的空气污染指数（API）分为5个等级：API≤50，说明空气质量为优，相当于国家空气质量一级标准，符合自然保护区、风景名胜区和其他需要特殊保护地区的空气质量要求；50＜API≤100，表明空气质量良好，相当于达到国家质量二级标准；100＜API≤200，表明空气质量为轻度污染，相当于国家空气质量三级标准；200＜API≤300，表明空气质量差，称之为中度污染，为国家空气质量四级标准；API＞300，表明空气质量极差，已严重污染。表4-3表示了空气污染指数与对应的空气质量级别的关系。

表4-3　空气污染指数及对应的空气质量级别

空气污染指数API	质量级别	质量状况	对健康的影响	对空气质量的适用范围
0～50	Ⅰ	优	可正常生活	自然保护区风景名胜区和其他特殊需要保护的区域
51～100	Ⅱ	良	可正常生活	城镇规划中确定的居住区、商业交通居民混合区、文化区、工业区和农村地区
101～200	Ⅲ	轻度污染	长期接触，易感人群症状有轻度加剧，健康人群出现刺激症状	特定工业区

续表 4-3

空气污染指数 API	质量级别	质量状况	对健康的影响	对空气质量的适用范围
201～300	Ⅳ	中度污染	一定时间接触后，心脏病和肺病患者症状显著加剧，运动时耐受力降低，一般健康人群中普遍出现症状	
>300	Ⅴ	重度污染	健康人除出现较强烈症状，降低运动耐受力外，长期接触会提前出现某些疾病	

三、大气污染防治措施

（一）中国大气污染防治工作进程

1973 年国务院第一次全国环境保护工作会议后，我国开始了以工业点源治理为主的大气污染防治工作。20 世纪 80 年代，大气污染防治从点源治理阶段进入了综合防治阶段。90 年代以来，我国大气污染防治工作开始从浓度控制向总量控制转变、从城市环境综合整治向区域污染控制转变，进入了一个新的历史阶段。近三十年来，我国大气污染防治工作取得了很大进展。

（二）中国大气污染防治的途径

大气污染防治的途径很多，主要有调整能源战略、采用清洁能源、推行清洁生产工艺、合理使用煤炭资源、强化大气环境管理、进行污染物总量控制、应用绿色植物净化大气等。

（1）调整能源战略，采用清洁能源。开发新能源要逐步推广使用天然气、煤气和石油液化气，选用低硫燃料，对重油和煤炭进行脱硫处理。大力开发水利资源，有步骤地发展核能，努力利用太阳能、风能、海洋能等清洁能源。

（2）推行清洁生产工艺是实现清洁生产、减轻大气污染的重要途径。要加大执法力度，对那些耗能大、污染重、效益差的企业，依据环保法规及行政的、经济的调控手段，坚决实行关、停、转。对污染大户要强制执行环保处理措施，促使其达到国家规定级别的排放标准。工业企业也应站在保护人类生命之气的高度，积极进行工艺改造，加大环保投资力度，对废气的排放进行综合利用，杜绝或减少“滴”“冒”“跑”“漏”，能进行封闭生产的要进行封闭生产，最大限度地降低污染物的排放量和毒害程度。改变燃料结构，采用清洁能源。改变燃烧方式，使用节能、高效、低排放的燃煤设备。发展废热利用、集中供热与热电联用。

（3）依法强化城市大气污染管理，全面规划、合理布局，根据城市大气质量现状与发展趋势进行功能区划，并按拟定的环境目标计算各功能区最大允许排放量和削减量，从而制定污染治理方案，进行大气污染物总量控制。采用高新技术，合理利用煤炭资源。城市燃气化是防治煤烟型污染的重要途径。发展民用型煤，改进燃烧方式。

（4）控制流动源污染即汽车尾气的治理。同时应该减少汽车尾气的排放，使用环保节能资源，出门坐车要首先选择公交车，减少大气污染物的排放。

（5）加强环境管理，严格监督管理，必须严格贯彻执行国家环保法律、法规。同时还要充分发挥舆论的宣传监督作用，宣传环保的有关知识，环保部门要重视和及时处理群众对环境违法行为的投诉和举报，使舆论监督及时得到反馈。

（6）提高城市绿化率，选择抗污染性好的树种，提高生物净化能力，大力发展植物净化。利用植物杀菌、滞尘、吸收有毒气体、调节二氧化碳和氧气比例等特性，减少大气污染，提高大气质量。

（7）利用气象条件防治大气污染。污染物在大气中的稀释和扩散受气象条件的支配非常明显，因此，利用气象条件来制约污染源是防治大气污染现实而又有效的途径，而污染气象条件预报则是其中的关键。气象部门可以通过人工增雨、增雪、消雾等技术来净化大气，消除污染。

四、大气污染控制技术

大气中常见的污染物主要有总悬浮颗粒物、降尘、可吸入颗粒物、二氧化硫、氮氧化物、总烃、铅、氟化物、臭氧和苯并芘。大气污染控制技术主要分为颗粒状污染物控制技术和气态污染物控制技术。

（一）颗粒状污染物控制技术

颗粒状污染物控制技术主要是除尘技术。从废气中将颗粒物分离出来并加以捕集、回收的过程称为除尘。实现上述过程的设备装置称为除尘器。

除尘器可分为以下两大类。

（1）干式除尘器，包括重力沉降室、惯性除尘器、电除尘器、布袋除尘器、旋风除尘器。

（2）湿式除尘器，包括喷淋塔、冲击式除尘器、文丘里洗涤剂、泡沫除尘器和水膜除尘器等。

目前运用最多的是旋风分离器、静电除尘器和布袋除尘器。

（二）气态污染物控制技术

气态污染物种类繁多，依据这些物质的不同化学性质和物理特性，治理方式通常有吸收法、吸附法、催化转化法、燃烧法和冷凝法等。我国二氧化硫和氮氧化物排放量 90% 来自煤炭消耗，因此控制大气污染最紧迫的任务就是燃煤二氧化硫和氮氧化物的控制。从 20 世纪 60 年代开始，世界各国开发的控制二氧化硫和氮氧化物的技术有 200 多种，但能商业应用的不到 10%。目前，控制二氧化硫、氮氧化物污染的技术可分为 3 类，即燃烧前控制技术、燃烧中控制技术和燃烧后控制技术。

1. 燃烧前控制技术

燃烧前控制技术也称首端控制技术，是控制污染的第一步。对于燃煤中硫的燃烧前控制技术包含物理的、化学的、生物的方法，以及多种技术联合使用的综合工艺、煤炭转化脱硫等。

2. 燃烧中控制技术

燃烧中控制技术主要指清洁燃烧技术，旨在减少燃烧过程污染物排放，提高燃料利用效率的加工、燃烧、转化和排放污染控制的所有技术的总称。

燃烧中控制技术主要是指型煤固硫技术、循环流化床燃烧技术和水煤浆燃烧技术等方法。

3. 燃烧后控制技术

燃烧后控制技术指的是烟气脱硫技术（FGD）。经过长期的研究、开发和应用，烟气脱硫工艺流程多达 180 种，然而具有工业应用价值的不过 10 余种。烟气脱硫技术分类方法很多：按照操作特点，分为干法、湿法和半干法；按照生成物的处置方式，分为回收法和抛弃法；按照脱硫剂是否循环使用，分为再生法和非再生法。

燃料脱氮技术至今尚未得到很好的开发。

燃烧中改进燃烧方式和生产工艺脱氮技术开发了许多低氮氧化物燃烧技术和设备，并已在一些锅炉和其他炉窑上应用。烟气脱氮是近期内氮氧化物控制措施中最重要的方法。探求技术上先进、经济上合理的烟气脱氮技术是现阶段工作的重点。

（三）城市机动车污染控制

随着世界经济的发展和机动车保有量的不断增加，机动车尾气污染已经成为越来越严重的环境问题。为了控制和减少机动车的排放污染，保护人类赖以生存的大气环境，世界各国纷纷采取了各种措施和控制对策。机动车尾气排放的污染物主要有一氧化碳、碳氢化合物、氮氧化物、细微颗粒物及硫化物等。这些一次污染物还会通过大气化学反应生成光化学烟雾、酸沉降等二次污染物。作为低空流动污染源，机动车尾气的排放高度与人们的呼吸道在同一个水平线，直接危害到人体健康，极易导致人体患上多种疾病。

国际上通常采用先进的排放控制技术和完善的后处理系统来达到削减机动车污染物的目的，同时辅之以不断从严的排放控制法规标准和严格的机动车污染控制管理体系。

国外的机动车尾气排放控制技术大体经历了以下 4 个阶段。

（1）最初采用源头削减，如采用稀薄燃烧技术、废气再循环技术。

（2）采用末端治理技术，如采用三效催化装置。

（3）运用现代的电子技术，对整车进行综合监控和调节，使得尾气排放污染更少，行驶状态更佳，如安装电子点火系统、车载诊断系统等。其未来的目标定位在发展超低排放混合动力车和“零排放”燃料电池车上。通过上述控制技术，机动车的单车尾气排放已经下降到很低的水平。

（4）改善车用燃料。燃料质量的改进主要涉及两个方面：燃料组分和性质的改进以及替代燃料的使用。燃料组分和性质的改进主要是汽油无铅化和燃料清洁化。替代燃料的使用主要包括以下燃料：① 天然气和液化石油气；② 甲醇和甲醇混合燃料；③ 乙醇和乙醇混合燃料；④ 氢燃料和生化燃料。

第五章 水资源及其污染防治

第一节 世界水资源

水是地球上分布最广泛的物质之一。它以气态、液态和固态 3 种形式存在于空中、地表和地下，成为大气水、海水、陆地水，以及存在于所有动植物有机体内的生物水，组成了一个统一的相互联系的水圈。

水是人类一切文明之源。人类的祖先来源于水，水对人体健康至关重要，一旦失去体内水分的 10%，人的生理功能即严重紊乱；失去水分 20%，人很快就会死亡。

水对人类以外的生命也是如此，它是一切生命之源，人类在外星球寻找生命，首先是找水。

一、世界水资源概况

(一) 水资源

广义上讲，水资源是指地球水圈中多个环节、多种形态的水，即水圈中所有的水体（包括海洋、河流、湖泊、沼泽、冰川、地下水及大气中的水分）。但目前人类重点调查、评价、开发利用和保护的水资源多指狭义的水资源，通常指参与自然界水循环、通过陆海间水分交换、陆地上逐年可得到更新的淡水资源。

(二) 世界水资源概况

地球上水储存总量为 $1.386\times10^{15}m^3$。表 5-1 表示了自然界水的分布，但地球上 97.4% 的水是咸水，淡水仅占 2.6%。淡水中绝大部分为极地冰雪冰川和地下水，比较容易开发利用。与人类生活生产关系最为密切的湖泊、河流和浅层地下淡水资源，只占淡水总储量的0.34%，还不到全球水资源总量的万分之一（见图5-1）。因此地球上的淡水资源并不丰富。

表5-1　　自然界水的分布

水的分布	估计数量/m^3	占总量
海洋	1.35×10^{15}	97.41%
河流	1.7×10^{9}	0.0001%
淡水湖泊	1.0×10^{11}	0.007%
咸水湖和内海	1.05×10^{11}	0.008%
地下水	8.2×10^{12}	0.592%
冰川和高山积雪	2.75×10^{13}	1.984%
大气	1.3×10^{10}	0.001%
生物体	1.1×10^{9}	0.0001%
土壤水分	6.9×10^{10}	0.005%

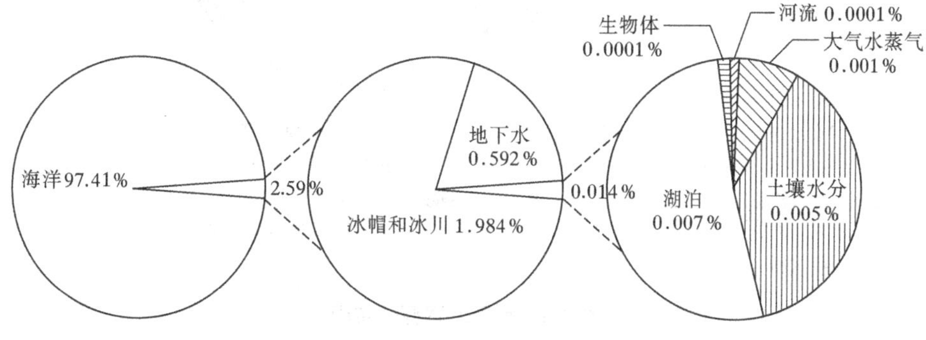

图5-1　世界水资源分布比例

淡水补给依赖于海洋表面的蒸发。每年海洋要蒸发掉5050亿m^3的海水，即1.4m厚的水层。此外，陆地表面还要蒸发720亿m^3。所有降水中有80%（即4580亿m^3/年）降落到海洋中，其余1190亿m^3降落于陆地。地表降水量与蒸发量之差（每年约1190亿－720亿）就形成了地表径流和地下水的补给——大约470亿m^3/年。全年流经河流的淡水总量约68%为地表径流，其余为稳定的地下水流。所有径流中，半数以上发生在亚洲和南美洲，很大一部分发生在亚马逊河，这条河每年要带走60亿m^3的水。另外，世界各地的降水差别也很大。

当今世界的水资源分布十分不均匀。世界淡水资源的75%集中在南美洲、俄罗斯、加拿大、印度尼西亚、中国、美国、印度、大洋洲、孟加拉国、缅甸、刚果11个地区（见图5-2）。南美是水资源最为丰富的地区，该地区人口不到全球的6%，但水资源却占全球的1/3（如图5-2所示）；巴西一个国家的水资源超过全球的1/6，而人口只占全球的1/35。上述11个水资源丰富地区除中国、印度、孟加拉国3个国家外，人口只有11.85亿（占全球总人口数的18.8%），但却拥有全球64%的水资源。

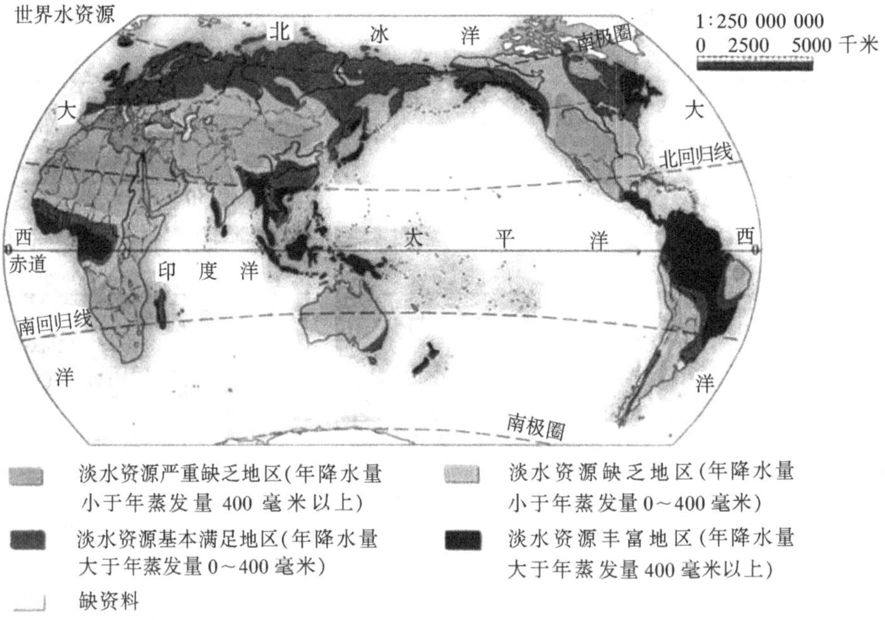

图5-2 世界水资源分布图

世界上最为明显的缺水地区是非洲撒哈拉以南的内陆国家，那里几乎没有一个国家不存在严重缺水的问题。人口共占世界总人口40%的80个非洲内陆国家严重缺水，其他26个国家（共有2.3亿人口）的水资源也很少。全世界约有1/3的人生活在中度和高度缺水的地区。

《世界水资源开发报告》指出，人类对水的需求正以每年640亿m^3的速度增长，到2030年，全球将有47%的人口居住在用水高度紧张的地区。一些干旱和半干旱地区的水资源缺乏将对人口流动产生重大影响。

（三）人类活动对水循环的干预

本书第二章已经讨论过水的自然循环过程。人类诞生以来，对水循环的干预作用越来越大，尤其是工业革命以来，包括农业灌溉、工业用水和居民生活用水 3 个系统（见图 5-3）。这些系统通过取水系统和排水系统相互连接成一个复杂的网络系统。在该系统中大量的水被应用，同时大量的含有高浓度有机物和无机物的水被排放到自然水体，大大超过了水体自然循环中太阳能和生物能所能带走的负荷，造成大量物质在水体中积累，也增加了人类的利用成本。水循环系统原有的平衡被打破。

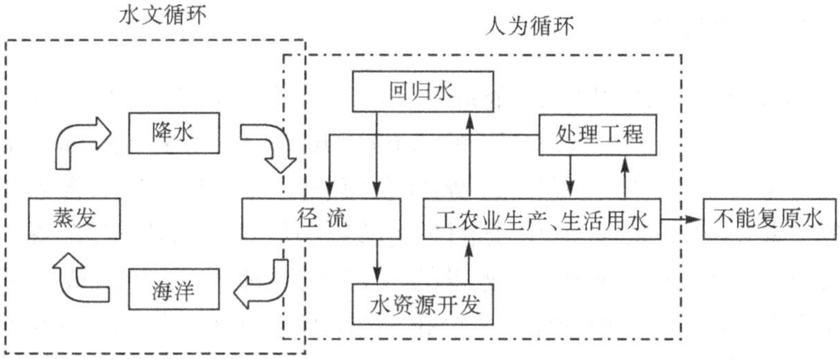

图 5-3 水文的自然循环和人工循环

多年来的人类活动结果表明，人类的有组织活动违背了水自主活动的基本规律，这就是水危机产生的根源，也是生态环境恶化的根源。

二、世界水危机

（一）水资源紧缺

随着经济的发展和人口的增加，世界用水量也在逐年增加。过去 300 年中，人类用水量增加了 35 倍多，增加的水量 69%用于农业，23%用于工业，8%为居民用水。目前全球人均供水量比 1970 年减少了 33.3%，这是因为在这期间地球上又增加了 18 亿人口。目前年人均供水 1000m^3 以下的国家有 15 个。马耳他年人均供水只有 82m^3，其缺水情况位居缺水国家之首。预计到 21 世纪中期，这些国家的淡水将比石油还贵。

1972 年，联合国向全世界发出警告："水不久将成为一项严重的社会危机，石油危机之后的下一个危机就是水。"

1977 年，联合国大会进一步强调："水，不久将成为一个深刻的社会危机。”

1992年，一些专家指出，到21世纪，水、粮食和能源这三种资源中，最重要的是水。

1997年，联合国再次大声疾呼：“目前地区性的水危机可能预示着全球性危机的到来。”

据联合国预计，到2025年，世界将近一半的人口会生活在缺水的地区。水危机已经严重制约了人类的可持续发展。

（二）水质污染严重

20世纪50年代以后，全球人口急剧增长，工业发展迅速。一方面，人类对水资源的需求以惊人的速度扩大；另一方面，日益严重的水污染蚕食着大量可供消费的水资源。例如，欧洲著名的莱茵河曾因工业污染而使河中鱼类消失殆尽。伏尔加河沿岸75%的工业废水未经处理就排入河中。亚洲的大部分河流被污染，成了世界上退化最严重的河流。欧盟的一份报告指出，在欧洲，农药对地下水的污染比预计的要严重得多，从现在起50年内，6万km^2的含水层将受到这种污染。联合国水资源世界评估报告显示，全世界每天约有200t垃圾倒进河流、湖泊和小溪，每升废水会污染8L淡水；所有流经亚洲城市的河流均被污染；美国40%的水资源流域被加工食品废料、金属、肥料和杀虫剂污染；欧洲55条河流中仅有5条河流水质差强人意。

水污染不仅对淡水，而且对海洋污染的情况也是令人震惊的。海洋的浩瀚无边与自动净化能力，使人类一直把海洋当做最大的天然垃圾场，倾废是人类利用海洋的主要方式。各国特别是工业国家每年都向海洋倾倒大量废物，如下水污泥、工业废物、疏浚污泥、放射性废物等。在各种倾废中，倾倒放射性废物尤为令人关注，这相当于在人们的四周放置了一个又一个失控的核废弹，一旦废物产生泄漏，其产生的生态灾难将超过广岛核爆的程度。尽管如此，海上倾废至今仍然为一些国家所热衷。此外，海上石油污染也是海洋污染的凶手。石油污染形成的海面油膜，影响海水复氧和海洋生物的生存，石油中所含的有毒成分又通过食物链传递给人类，危害不容忽视。2010年4月发生在美国墨西哥湾的漏油事件，是人类历史上最为严重的石油泄漏事件，对墨西哥湾海域及沿岸的生态环境造成了灾难性的破坏。

由于水质的污染，污水已成为人类健康的隐形杀手。据统计，全世界污水排放量已达到 4000 亿 m^3，使 55000 亿 m^3 水体受到污染。目前世界上有 12 亿人（占全球人口的 1/5）得不到安全饮用水，有 30 亿人（占全球人口的 1/2）缺乏卫生设施，每年有 300 万～400 万人死于水致性疾病。世界卫生组织（WHO）调查显示：

全世界 80%的疾病是由饮用被污染的水引起的；

全世界 50%的儿童死亡是由饮用被污染的水造成的；

全世界 12 亿人因饮用被污染的水而患上多种疾病；

全世界每年有 2500 万儿童，死于饮用被污染的水引发的疾病；

全世界因水污染而患上霍乱、痢疾和疟疾等传染病的人数超过 500 万……

第二节 中国水资源

一、中国水资源概况

（一）中国水资源总量

中国是一个干旱缺水严重的国家。2009 年的最新统计显示，中国水资源总量约为 28124 亿 m^3，其中多年平均河川径流量为 27115 亿 m^3，多年平均地下水资源量为 8288 亿 m^3，重复计算水量为 7279 亿 m^3，位居世界第六。排在前五位的分别是巴西、俄罗斯、加拿大、美国和印度尼西亚。由于中国人口众多，人均水资源占有量是 2240m^3，人均淡水资源仅为世界人均量的 1/4，按国际标准，属于轻度缺水和中度缺水之间的水平。

（二）中国水资源特点

1. 水资源总量多，人均占有量少

如上所述，我国水资源总量居世界第六位，而人均水资源占有量仅为世界平均值的 1/4。按国际上现行标准，人均年拥有水资源量在 1000～2000m^3 时，会出现缺水现象；少于 1000m^3 时，会出现严重缺水的局面。我国黄河、淮河、海河流域（片）人均水资源占有量为 350～750m^3，这些地区的用水紧张情况将长期存在。

2. 时空分布不均

中国水资源受季风的影响，时空分布不均，基本上是南方丰富，北方贫乏，旱灾的发生概率比较高。中国长江及其以南地区的流域（包括长江流域片、珠江流域片、浙闽台诸河片、西南诸河片）面积占全国总面积的36.5%，却拥有全国80.9%的水资源量；北方地区和西北内陆地区（包括淮河流域片、黄河流域片、海滦河流域片、辽河流域片、黑龙江流域片以及额尔其斯河的中国流域范围）面积占全国63.5%，拥有的水资源量仅占全国的19.1%，其中西北内陆河流域及额尔其斯河中国流域范围的水资源量仅占全国的4.6%（见图5-4）。

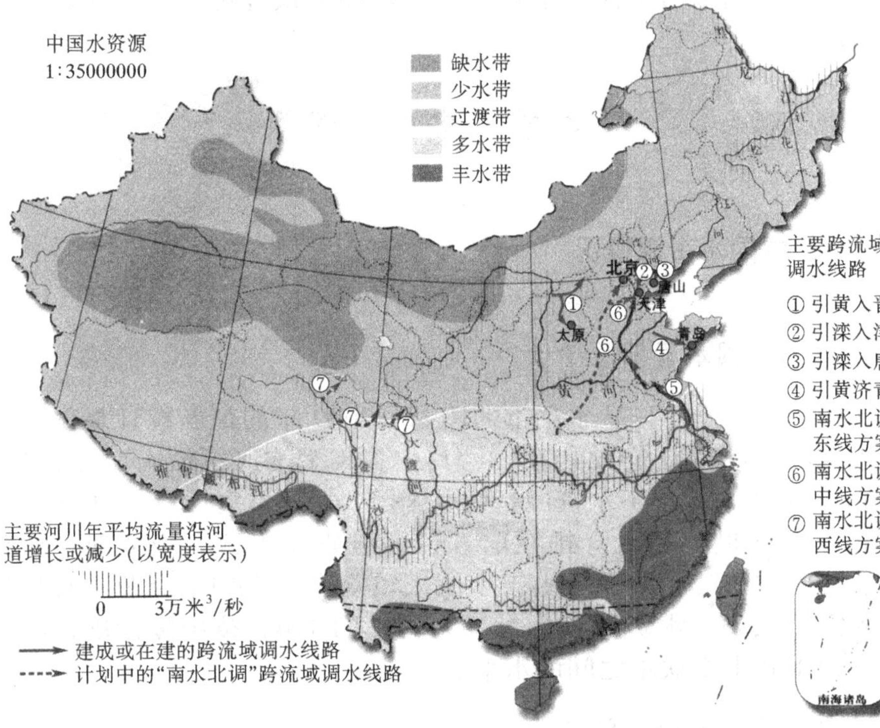

图 5-4 我国水资源空间分布

中国水资源时间分配不均匀，我国水资源年内、年际变化大，年内雨季又比较集中，水灾、旱灾频繁发生，枯水年和枯水季节的缺水矛盾更为突出。对我国农业来说，旱灾甚于水灾。

3. 水资源与人口、耕地分布不匹配

中国北方地区人口占全国总人口的2/5，但水资源量不足全国水资源的1/5；北方地区人均水资源量为1127m^3，仅为南方地区人均的1/3。在全国人均水资源量不足1000m^{3}的10个省区中，北方地区占了 8 个。中国北方地区耕地面积占全国的 3/5，南方地区占全国的 2/5；南方地区每亩耕地占有水资源量为 1913m^3，而北方地区只有 631m^3，前者是后者的 3 倍。

4．水环境形势严峻，地下水严重超采

目前我国水资源污染形势十分严峻，全国约有 1/3 以上的工业废水和 80%以上的生活污水未经处理直接排入河湖，90%的城市水环境恶化。水环境问题加剧了可利用水资源的不足。

二、中国水资源的危机

（一）水资源告急

中国水资源的问题十分突出，到 2030 年，中国人口将增至 16 亿，人均水资源量将降到 1760m^3，成为用水紧张的国家。由于中国水资源的不足，农业年缺水量约 3000 亿 m^3，城市与工业年缺水量达 58 亿 m^3。在全国 600 多座城市中，有近 400 座城市缺水，其中缺水严重的城市达 130 多个，日缺水量已超过 1600 亿 m^3。

北京是全国十大缺水城市之一，人均水资源的年占有量为 300m^3，仅为全国人均的 1/8，世界人均的 1/32，比处于沙漠地带的以色列还要低。

（二）水体污染日趋严重

中国水资源当前面临的主要问题是资源性缺水与水质性缺水并存，水资源的紧缺与用水的浪费并存。

由于水污染加剧了一些地区的缺水程度，许多地方出现了用水告急。由于工业废水、生活污水等对水体的污染，至少还要损失 3000 亿 m^3，剩下的淡水仅为人均 600m^3。长江三角洲和珠江三角洲，由于水体受到污染，成为典型的污染型（水质型）缺水区。

目前，我国水体污染正在从城市向农村蔓延，从东部向西部发展，从支流向干流延伸，从地区向流域扩散，从地表向地下渗透，从陆地向海洋推进。全国有 1/4 以上的人口饮用不符合卫生标准的水。水体总体污染形势严峻，并有逐年加重的趋势。

1．我国河流水质污染的特点：江河流域普遍遭到污染，且污染严重

2008 年，长江、黄河、珠江、松花江、淮河、海河和辽河 7 大

水系200条河流409个断面中，Ⅰ～Ⅲ类、Ⅳ～Ⅴ类和劣Ⅴ类水质的断面比例分别为55.0%，24.2%和20.8%。其中，珠江、长江水质总体良好，松花江为轻度污染，黄河、淮河、辽河为中度污染，海河为重度污染。

我国各大流域污染均主要集中在城市河段。在141个国家控制断面中，36.2%的城市河段为Ⅰ～Ⅲ类水质，63.8%的城市河段为Ⅳ～劣Ⅴ类水质。海河、辽河等沿岸的城市地表水水质较差，未经处理直接排入江河湖库，是我国目前主要的水污染源。有的大江大河已形成了岸边的污染带，不少支流小河成了排污沟。

2. 我国湖泊（水库）污染的特点：水体富营养化

由于氮、磷等植物营养物质含量过多而引起的水质污染现象称为水体富营养化，一般是水流缓慢、更新期长的地表水体，接纳大量氮、磷、有机碳等植物营养素引起的藻类等浮游生物急剧增殖的水体污染（见图5-5）。自然界湖泊也存在富营养化现象，由贫营养湖→富营养湖→沼泽→干地变化，但速率很慢。人为污染所致的富营养化，速率很快。因占优势的浮游藻类颜色不同，水面往往呈现蓝、红、棕、乳白等颜色，海水中出现叫“赤潮”，淡水中称“水华”。在地下水中发生富营养化现象，称该地下水为“肥水”。

图5-5　人为富营养化的湖泊

我国湖泊普遍遭到污染，尤其是重金属污染和富营养化问题十分突出。28个国家监控的重点湖（库）中，满足Ⅱ类水质的4个，占14.3%；Ⅲ类的2个，占7.1%；Ⅳ类的6个，占21.4%；Ⅴ类的5个，占17.9%；劣Ⅴ类的11个，占39.3%。在监测营养状态的26个湖（库）中，重度富营养的1个，占3.8%；中度富营养的5个，占19.2%；轻度富营养的6个，占23.0%。尤以太湖、巢湖和滇池污染最为严重。太湖已被严重污染，出现了Ⅴ类水质。巢湖流域目前仍处于富营养状态，11个水质监测点中，7个属于Ⅴ类和劣Ⅴ类水质。滇池出现严重的富营养化，水质超出Ⅴ类标准，作为饮用水源已有多项指标不合格，滇池内湖中的水葫芦覆盖面积和生长厚度逐年增加，形成厚达数十厘米的“绿油漆”。

城市内湖情况更是严重。昆明湖（北京）为Ⅳ类水质，西湖（杭州）、东湖（武汉）、玄武湖（南京）、大明湖（济南）为劣Ⅴ类。

在国家监控的大型水库中，9座大型水库均为中营养状态。

水体富营养化能带来一系列严重后果，主要表现为以下几点。

（1）藻类在水体中占据的空间越来越大，使鱼类活动的空间越来越小；死亡的藻类将沉积塘底。

（2）藻类种类逐渐减少，并由以硅藻和绿藻为主转为以蓝藻为主，而蓝藻中不少种有胶质膜，不适于作鱼饵料，而其中有一些种属是有毒的。

（3）藻类过度生长繁殖，将造成水中溶解氧的急剧变化，藻类的呼吸作用和死亡的藻类的分解作用消耗大量的氧，有可能在一定时间内使水体处于严重缺氧的状态，严重影响鱼类的生存。

3．我国地下水污染的特点：超量开采和污染加剧

我国城市地下水污染日益加剧。据有关部门对118个城市2～7年的连续监测资料，约有64%的城市地下水遭受了严重污染，33%的城市地下水受到轻度污染，基本清洁的城市地下水只有3%。在北京，浅层地下水中普遍检测出了具有巨大潜在危害的DDT、“六六六”等有机农药残留和单环芳烃、多环芳烃等“三致”（致癌、致畸、致突变）有机物。

地下水超采与污染互相影响，形成恶性循环。水污染造成的水质型缺水，加剧了对地下水的开采，使地下水漏斗面积不断扩大，地下水水位大幅度下降；地下水位的下降又改变了原有的地下水动力条件，引起地面污水向地下水的倒灌，浅层污水不断向深层流动，地下水污染向更深层发展，使地下水污染的程度不断加重。

4．我国海洋污染的特点：污染源广，污染物质种类多，影响范

围大，危害深远，控制复杂

海洋环境问题包括两个方面：一是海洋污染，即污染物质进入海洋，超过海洋的自净能力；二是海洋生态遭到破坏，即在各种人为因素和自然因素的影响下，海洋生态环境遭到破坏。

（1）海洋污染。海洋污染物绝大部分来源于陆地上的生产过程。从类型上说，目前危害较大的海洋污染物质主要有：石油、重金属、农药、有机物质、放射性物质、固体废物和废热水中的热能等。如海水中的赤潮与海洋环境污染有着直接和密切的关系。以渤海为例，20 世纪 60 年代以前赤潮发生过 3 次；70 年代赤潮发生了 9 次；80 年代赤潮发生了 74 次；而到了 90 年代，仅 1990 年赤潮发生频率就达 34 次。2007 年我国海域共发生赤潮 82 次，其中渤海 7 次、黄海 5 次、东海 60 次、南海 10 次（如图 5-6 所示），累计面积约 $11610km^2$，直接经济损失 600 万元。其中有毒赤潮生物引发的赤潮为 25 次，面积约 $1906km^2$。

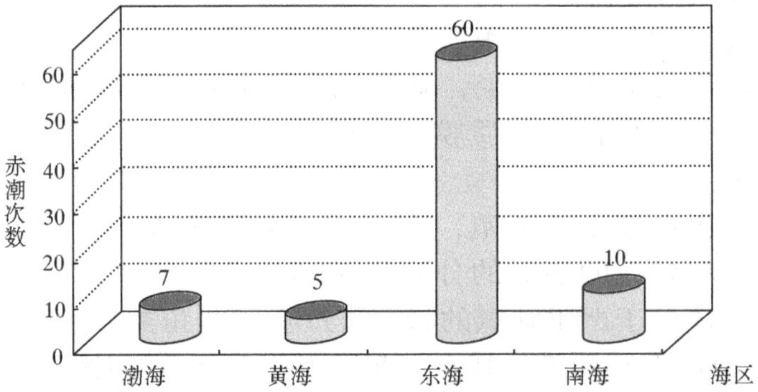

图 5-6　2007 年我国各海区赤潮发生次数

除赤潮外，渤海、东海、南海都有近海污染状况，东海海区污染最严重。辽东湾和胶州湾海域水质差，Ⅰ、Ⅱ类海水比例低于 60%，劣Ⅳ类海水比例低于 30%；其他海湾水质极差，劣Ⅳ类海水比例均占了 40%以上，其中杭州湾水质最差，劣Ⅳ类海水比例高达 100%。

（2）海洋生态破坏。除海洋污染物外，人类的生产活动以及自然环境的变化，都会使海洋生态环境遭到破坏和改变。随着人类向海洋的进军，人类对海洋环境影响越来越大。人类的生产建设措施已经和自然因素一起，成为影响和改变海洋生态环境的一个因素，如围海造田、港口建设、过度捕捞等，必然导致区域海洋生态系统发生改变。

（三）水生态环境破坏严重

由于水土资源过度开发，水生态环境恶化和水质污染迅速发展已到了极为严重的程度，造成水土流失严重，河、湖、库泥沙淤积问题突出。

水土流失造成许多河流含沙量增大，泥沙淤积严重，北方河流更为突出。全国平均每年进入河流的悬移质泥沙约为35亿t，其中有20亿t淤积在外流区的水库、湖泊、中下游河道和灌区内。黄河是我国泥沙最多的河流，也是世界罕见的多沙河流，居世界大河首位。

由于水库上游植被的破坏或开荒种地，泥沙淤积严重，水库库容日趋减少。河道功能退化，湖泊面积缩小。1972—1997年，黄河下游共有20年发生断流。海河流域由于水资源缺乏，中下游平原地区的河流基本干涸，河口淤积加剧。由于无天然径流，城镇排出的污水形成污水河。

近30年来，我国湖泊水面面积已缩小了30%。洞庭湖在1949—1983年的34年间湖区面积已减少了1459km^2，平均每年减少42.9km^2，容量共减少115亿m^3，平均每年减少3.4亿m^3。如果按此速率发展，50年内洞庭湖就会消失。调查结果显示，我国西北干旱、半干旱地区湖泊干涸现象十分严重，部分现存湖泊含盐和矿化度显著升高，咸化趋势明显。近30年中，内蒙古的乌梁素海矿化度增加4.5倍，已变成咸水湖。其他如青海湖、布伦托海等正处于咸化过程中。

我国地下水位也持续下降。地下水是北方地区最重要的供水水源。在一些集中用水区，开采量超过补给量，致使地下水位持续下降。近年来，河北平原的地下水位以每年1m的速度下降。北京、太原、石家庄、保定等大中城市地下水位下降更为明显。在以地下水为供水水源的城市中，由于过量开采地下水，已经引起了一系列问题。如大面积地下水位下降、地面沉降、沿海地区海水入侵等。北京市由于不合理超采，1961—1989年全市平原地下水累计亏损42.78亿m^3，其中市区部分累计亏损18.5亿m^3，使地下水位大幅度下降。辽宁、山东沿海地区从20世纪70年代中期开始陆续发生海水入侵陆地含水层现象。截至1992年，在辽宁的大连、锦州、葫芦岛、营口，河北的秦皇岛，山东的烟台、威海、青岛等沿海地区，都发生了不同程度的海水入侵。海水入侵区共 70 块，总面积达 1433.6km^2。大连、烟台两市海水入侵最为严重，入侵面积分别为 433.8km^2 和 495.2km^2。

第三节 水污染防治工程

一、水污染

（一）水污染定义

1984 年颁布的《中华人民共和国水污染防治法》指出，水污染即指"水体因某种物质的介入而导致其物理、化学、生物或者放射性等方面特性的改变，从而影响水的有效利用，危害人体健康或破坏生态环境，造成水质恶化的现象"。

（二）水体污染源

向水体排放污染物的场所、设备、装置和途径统称为水体污染源。

1. 按人类活动方式划分

水体污染源可分为工业污染源、农业污染源、生活污染源。

（1）工业污染源。各种工业生产中所产生的废水排入水体就造成了工业污染。工业污染源向水体排放的废水具有量大、面广、成分复杂的特点，是应重点解决的污染源。

（2）生活污染源。城市居民聚集地区所产生的生活污水，其中含氮、磷、硫较高。此外，还伴有各种洗涤剂和相当数量的微生物。

（3）农业污染源。农村污水和灌溉水是水体污染的主要来源。由于农田施用化学农药和化肥，灌溉后或经雨水将农药和化肥带入水体造成农药污染或富营养化。在污水灌溉区，河流、水库、地下水都会出现污染，同时也出现土壤污染和食品污染。

2. 按照污染物空间分布方式

水体污染源可分为点源污染源和面源污染源。

（1）点污染源。是指工矿废水、生活污水等通过管道、沟渠集中排入水体的污染源。

（2）面污染源。是指污染物来源于集水面上。农村污水和农田排水是水体污染的主要面污染源。由于农田施用化肥、农药，灌溉后排出的水或雨后径流中，常含有农药和化肥，对水体影响很大，如农药污染，富营养化。此外，由于地质溶解作用以及降水对大气的淋洗，使污染物进入水体，这也是一种面污染源。

（三）水体污染物质类型

1. 悬浮物

主要是泥沙类无机物质和动植物生存过程中产生的物质或死亡后的腐败产物等有机物。悬浮物能使水体变浑，影响水生植物的光合作用，吸附有机毒物、重金属等，形成危害更大的复合污染物沉入水底，日久形成淤积，妨碍水上交通或减少水库容量，增加挖泥负担。

2. 耗氧有机物

废水中含有大量的碳水化合物、蛋白质、脂肪和木质素等有机物。这类物质进入水体后，在好氧微生物的作用下，多分解为简单无机物质。在此过程中消耗水体中的大量溶解氧。大量的有机物进入水体，势必导致水体中溶解氧急剧下降，因而影响鱼类和其他水生生物的正常生活。严重的还会引起水体发臭，鱼类大量死亡。

3. 植物性营养物

植物性营养物主要指含有氮、磷的无机、有机化合物，易引起水中藻类及其他浮游生物大量繁殖，形成富营养化，造成饮用水的异味，严重时会使水中溶解氧的量下降，鱼类大量死亡，甚至会导致湖泊的干涸。

4. 重金属

重金属是具有潜在危害的重要污染物质，20 世纪 50 年代前后日本出现的水俣病和骨痛病，已查明是由于汞、镉污染引起的公害病。重金属的环境污染已受到人们极大的关注。常见的污染水体重金属有汞、铬、镉、铅、锌、铜等。

5. 难降解有机物

难降解有机物是指难以被微生物降解的有机物，能在水中长期稳定地存留，并通过食物链富集最后进入人体。它们中的一部分化合物即使含量很低，仍具有致癌、致畸和致突变的作用。例如杀虫剂、除草剂、表面活性剂等。

6. 石油类

主要来源于船舶废水、工业废水、海上石油开采及大气石油烃沉降。它会阻止氧进入水中，妨碍水生植物的光合作用。同时，石油还会黏附在鱼鳃上，使之呼吸困难直至死亡，还会抑制水鸟产卵和孵化。食用在含有石油的水中生长的鱼类等水产品，会危及人体健康。随着石油工业的迅速发展，油类对水体特别是海洋的污染越来越严重。目前，由人类活动排入海洋的石油每年达几百万吨以至几千万吨。2010 年 4 月发生的墨西哥湾漏油事件，成为至今最大的石油污染事件。

7. 酸　碱

主要来自矿山排水及许多工业废水。它会破坏水生生态系统的平衡；影响渔业生产，腐蚀船只、桥梁及其他水上建筑。用酸化或碱化的水浇灌农田，会破坏土壤的理化性质，对工业、农业、渔业和生活用水都会产生不良的影响。

8. 病原体

生活污水、医疗污水和屠宰、制革、洗毛、生物制品等工业废水，常含有各种病原体，如病毒、病菌、寄生虫，会传播霍乱、伤寒、胃炎、肠炎、痢疾以及其他病毒传染的疾病和寄生虫病。

9. 热污染

天然水体接受“热流出物”而使水温升高。火力发电厂、核电站的冷却水，炼钢、炼油产生的冷却水是主要来源。水温升高后，降低了水中溶解氧的含量，水体生化反应速度加快，可使某些化合物的毒性提高；并且破坏水生生态平衡，加速细菌繁殖，限制鱼类繁殖，使鱼死亡等。

10. 放射性污染

水体中放射性物质主要来源于铀矿开采、选矿、冶炼，核电站和核试验以及放射性同位素的应用等。从长远来看，放射性污染是人类所面临的重大潜在性威胁之一。

二、水体自净与环境容量

（一）水体自净

水体受到污染后，由于物理、化学和生物等作用，使排入污染物质的浓度和毒性随着时间的推移，在向下游流动的过程中自然降低，称为水体的自净作用。也可简单地说，水体受到污染后，靠自然能力逐渐变洁的过程称为水体的自净。

水的自净能力与水体的水量、流速等因素有关。水量大、流速快，水的自净能力就强。但是，水对有机氯农药、合成洗涤剂、多氯联苯等物质以及其他难以降解的有机化合物、重金属、放射性物质等的自净能力是极其有限的。

（二）水环境容量

水环境容量是指“一定区域的水体在规定的水功能和环境目标要求下，对排放于其中的污染物所具有的容纳能力，也就是水体对污染物的最大容许负荷量”。水环境容量通常以单位时间内区域水体所能承受的污染物总量来表示。水环境容量的大小取决于水体对污染物的自净能力。

三、水质指标与水质标准

（一）水质与水质指标

水质是指水和其中所含的杂质共同表现出来的物理学、化学和生物学的综合特性。水质指标是表示水中杂质的种类、成分和数量，是判断水质的具体衡量标准。表 5-2 是常见水质指标。

表 5-2　　常见水质指标

物理性水质指标	感官物理性状指标	温度、色度、嗅和味、浑浊度、透明度等
	其他物理性水质指标	总固体、悬浮固体、溶解固体、可沉固体、电导率等
化学性水质指标	一般的化学性水质指标	pH 值、碱度、硬度、各种阳离子、阴离子、总含盐量、一般有机物质等
	有毒的化学性水质指标	各种重金属、氰化物、多环芳烃、各种农药等
	氧平衡指标	溶解氧 DO、化学需氧量 COD、生化需氧量 BOD、总需氧量 TOC 等
生物学水质指标		细菌总数、总大肠菌数、各种病原细菌、病毒

下面仅介绍国家相关排放标准中的几种主要的水质指标。

1. 物理性水质指标

（1）温度。水的许多物理特性、物质在水中的溶解度以及水中进行的许多物理化学过程都和温度有关。

（2）颜色和色度。纯水是无色的。在比色管中将水样用无色清洁水稀释成不同倍数，并与液面高度相同的清洁水作比较，取其刚好看不见颜色时的稀释倍数，即为色度。

(3) 浑浊度和透明度。水中由于含有悬浮及胶体状态的杂质而产生浑浊现象。水体中悬浮物质含量是水质的基本指标之一，表明的是水体中不溶解的悬浮和漂浮物质，包括无机物和有机物。

(4) 悬浮性固体 (Suspended Solids)。水样过滤后，滤样截留物蒸干后的残余固体称为悬浮性固体。

2. 化学性水质指标

(1) pH 值。它是重要的水质指标之一，一般天然水体的 pH 值为 6.0～8.5。

(2) 化学需氧量 (COD)。在一定严格的条件下，水中各种有机物质与外加的强氧化剂 ($K_2Cr_2O_4$，$KMnO_4$) 作用时所消耗的氧化剂量，以氧 (O) 的质量浓度 (mg/L) 表示。

(3) 生化需氧量 (BOD)。指在人工控制的一定条件下，使水样中的有机物在有氧的条件下被微生物分解，在此过程中消耗的溶解氧的质量浓度 (mg/L)。BOD 愈高，反映有机耗氧物质的含量也愈多。

(4) 总需氧量 (TOD)。在特殊的燃烧器中，以铂为催化剂，在 900℃ 高温下使一定量的水样汽化，其中有机物燃烧变成稳定的氧化物时所需的氧量，结果以氧 (O) 的质量浓度 (mg/L) 表示。

(5) 含氮化合物。有机氮是表明各种蛋白质、氨基酸、尿素等含氮有机物总量的水质指标。

(6) 含磷化合物。磷的水质指标通常用总磷表示，总磷包括有机磷和无机磷。

3. 生物性水质指标

(1) 大肠菌群数。它是每升水样中含有大肠菌群的数目，以个/L 计。作为卫生指标，可以判断水体是否受到粪便的污染，进而判断水体中是否存在病原菌。

(2) 病毒。它是表明水体中是否存在病毒及其他病原菌的指标。而检出大肠菌群，只能表明肠道病原菌的存在，但不能表明是否存在病毒。

(3) 细菌总数。它是大肠菌群数、病原菌、病毒及其他细菌的总和，以每毫升水样中的细菌菌落总数表示。细菌总数越多，表示病原菌和病毒存在的可能性越大。

(二) 水质标准

不同用途的水质要求有不同的质量标准。下面介绍我国几种常用的水质标准。

1. 地表水环境质量标准

国家环保总局发布的《地表水环境质量标准（GB 3838—2002）》依据地面水使用目的和保护目标，将我国地表水分为5大类：

Ⅰ类——主要适用于源头水，国家自然保护区；

Ⅱ类——主要适用于集中式生活饮用水、地表水源地一级保护区，珍稀水生生物栖息地，鱼虾类产卵场，仔稚幼鱼的索饵场等；

Ⅲ类——主要适用于集中式生活饮用水、地表水源地二级保护区，鱼虾类越冬、洄游通道，水产养殖区等渔业水域及游泳区；

Ⅳ类——主要适用于一般工业用水区及人体非直接接触的娱乐用水区；

Ⅴ类——主要适用于农业用水区及一般景观要求水域。

对于不同区域，又规定了水质指标的相应标准限制。

2.《污水综合排放标准（GB 8978—1996）》

本标准按照污水排放去向，分年限规定了69种水污染物最高允许排放浓度及部分行业最高允许排水量。本标准适用于现有单位水污染物的排放管理，以及建设项目的环境影响评价、建设项目环境保护设施设计、竣工验收及其投产后的排放管理。

标准将排放的污染物按其性质及控制方式分为两类。第一类污染物是不分行业和污染排放方式，也不分收纳水体的功能类别，一律在车间或车间处理设施排放口采样，其最高排放浓度必须达到标准要求。第二类污染物在排污单位排放口采样，其最高允许排放浓度必须达到标准要求。表5-3是本标准中规定的第一类污染物的最高允许排放浓度。

表5-3　第一类污染物最高允许排放浓度　mg/L

序号	污染物	最高允许排放浓度
1	总汞	0.05
2	烷基汞	不得检出
3	总镉	0.1
4	总铬	1.5
5	六价铬	0.5
6	总砷	0.5
7	总铅	1.0
8	总镍	1.0

续表 5-3

序号	污染物	最高允许排放浓度
9	苯并（a）芘	0.00003
10	总铍	0.005
11	总银	0.5
12	总α放射性	1Bq/L
13	总β放射性	10Bq/L

3. 其他标准

除上述标准外，常用的还有《生活饮用水卫生标准》《海水水质标准》《景观娱乐用水水质标准》《农业灌溉水质标准》《地下水质量标准》和各种行业排放标准，如《船舶污染物排放标准》《造纸工业水污染物排放标准》《钢铁工业水污染物排放标准》《肉类加工水污染物排放标准》等。

四、水污染控制

水污染基本控制模式分为源头控制、污水集中处理和尾水最终处置等 3 种模式。

（一）源头控制

（1）工业废水。对于工业废水可以实行优化产业结构、调整规划布局、实施清洁生产、就地处理达到污水排放标准等源头控制。

（2）生活污水。对于生活污水可以合理进行人口密度及分布规划、“绿色消费”、“绿色生活”的公众教育等手段。

（3）面源水污染。对于城市面源水污染可以进行城市径流、收集雨水利用、减少硬质地面、增加绿化用地等手段和技术；对于农村面源水污染可以进行发展节水农业，减少土壤侵蚀，合理利用农药，截流农业污水，畜禽粪便处理，乡镇企业废水及村镇生活污水处理等手段和技术。

（二）污水集中处理

主要是建设污水处理厂，进行污水集中处理。详细内容见本书水污染控制技术内容。

(三) 尾水最终处置

(1) 建立污水生态工程。利用土壤—微生物—植物系统的自我调控机制和对污染物的综合净化功能，既达到对城市污水及部分工业废水的高级净化处理，又可以利用其中的有用物质，实现污废水的资源化。

(2) 废水的再利用。通过废水回用技术的开发，控制水质标准，废水再利用途径经济可行。

废水也是一种资源。废水中含有多种有用的物质，如果不经过处理就排放出去，不仅浪费资源，而且污染环境。因此必须注意废水的处理和重复利用，以及废水中有用物质的回收利用。

近几十年，随着工业化和城市化的不断发展，用水量和废水排放量迅速增加。在水资源日趋紧张和污染加重的情况下，工业废水和城市污水的重复利用日益受到重视，并且成为缺水地区解决水资源问题的一种常用的方法。

经过妥善处理的城市污水和工业废水，首先可用于灌溉农田、养鱼、养殖藻类和海带等水生生物。这样，既利用了废水和其中的肥分，又使废水得到进一步净化。其次可用做工业用水，如在电力工业、石油开采和加工工业、采矿业和金属加工工业中，把处理后的废水用做冷却水、生产过程用水、油井注水、矿石加工用水、洗涤水和消防用水等。若水质不能满足某些工艺的要求，可在厂内进行附加处理。此外，还可作为城市低质给水的水源即“中水回用”，用做不与人体直接接触的市政用水，如厕所用水、空调用水、消防用水、喷泉水、绿化带喷灌用水等。在不用地下水作饮用水水源的地区，可回灌地下水。

“中水”起源于日本，“中水”的定义有多种解释，其水质介于自来水（上水）与排入管道内污水（下水）之间，故名“中水”。中水利用也称做污水回用。在污水工程方面称为“再生水”，工厂方面称为“回用水”，一般以水质作为区分的标志。其主要是指城市污水或生活污水经处理后达到一定的水质标准，可在一定范围内重复使用的非饮用水。“中水回用”可以降低给水处理和供水费用，减少城市污水排放及相应的排水工程投资与运行费用。20 多年来，国内外的实践经验表明，“中水回用”是开源节流、减轻水体污染、改善生态环境、解决城市缺水的有效途径之一，不仅技术可行，而且经济合理。我国水资源短缺，在缺水地区特别是城市、工业和人口比较集中的地区，水资源已成为社会经济发展的严重制约因素。城市污水的再生利用即“中水回用”既可解决污染问题，又可使污水得到有效利用，缓解水资源短缺的紧张状况，是个一举两得的措施，具有明显的经济效益和社会效益。

五、水污染控制技术

（一）废水处理的目的

废水处理的目的是对废水中的污染物以某种方法分离出来或将其分解转化为无害稳定的物质，使污水得到净化，达标排放（防止毒害、病菌传染，去除异味、恶臭等）。

（二）废水处理方法分类

废水处理方法主要有废水物理处理法、废水化学处理法和废水生物处理法。

1. 废水物理处理法

主要去除水中不溶性的、呈悬浮状态的污染物。主要工艺是筛滤截留、重力分离、离心分离等。主要处理设备是格栅和筛网、沉砂池和沉淀池、气浮装置、离心机、旋流分离器等。

2. 废水化学处理法

主要去除水中呈溶解、胶体状态的污染物。主要工艺有中和、混凝、化学沉淀、氧化还原、吸附、离子交换、膜分离等。

3. 废水生物处理法

废水生物处理法是利用微生物的代谢作用除去废水中有机物的一种方法。废水生物处理法的分类如图 5-7 所示，废水生物处理工艺主要分为人工强化废水处理系统和天然废水生物处理系统两类。其中人工强化废水处理系统主要包括好氧生物处理工艺和厌氧生物处理工艺；天然废水生物处理系统主要包括生物稳定塘系统和土地处理系统。

- 生物处理法
  - 天然生物处理
    - 生物稳定塘系统
    - 土地处理系统
  - 人工强化处理
    - 好氧生物处理
      - 活性污泥法
      - 生物膜法
    - 厌氧生物处理

图 5-7　废水生物处理法的分类

（1）生物稳定塘，又名氧化塘或生物塘。它是一种利用天然净化能力处理废水的生物处理工艺，其对废水的净化过程与自然水体的自净过程类似。生物稳定塘多用于小型污水处理。生物稳定塘污水处理与综合利用相结合，发展养鱼、养禽、水生植物、饲料等。如图 5-8 所示为氧化塘处理系统。

图 5-8　某氧化塘处理系统

（2）土地处理系统。它是在人工调控和系统自我调控的条件下，利用土壤—微生物—植物组成的生态系统对废水中的污染物进行一系列物理、化学和生物净化的过程，使废水水质得到改善。土地处理系统可分为快速渗滤（RI）、慢速渗滤（SR）、地表漫流（OF）、地下渗滤（UG）、湿地系统（WL）（见图 5-9）等 5 种工艺类型。对于传统的人工二级生物处理无法解决的氮磷富营养化问题，要求增加三级处理，这一切导致水污染控制的投入大大增加，需要大量的资金，能耗高，运行管理复杂，对污染不能完全去除，甚至带来二次污染。在这种情况下，土地处理技术得到了巨大发展。沈阳大学污染环境的生态修复与资源化技术教育部重点实验室在对沈阳大学校园生活污水的“中水回用”处理工程中就采用了土地处理系统。实践证明，处理后的“中水”不但满足沈阳大学日常绿化和景观的用水需要，而且该生态处理系统处理基建投资低，能源消耗少，无次生环境影响，吨水处理费用是传统的人工处理费用的 1/3 左右。所以说，污水土地处理是一项发展中的污水处理生态工程技术，是实现污水资源化和保护水体生态环境的重要途径。

（3）好氧生物处理。它主要分为活性污泥法和生物膜法。好氧

图 5-9 某人工湿地处理系统

生物处理废水的方法主要用于从污水中去除溶解性有机污染物，溶解的有机污染物被微生物吸附转化为H_2O，CO_2，NH_3和微生物细胞物质，污水得到净化，所需氧气一般来自大气。这是一种被广泛采用的生物处理方法。

活性污泥法的特点是微生物群体附着在有一定活力、具有良好净化污水功能的絮绒状污泥上，污水中的溶解性有机污染物同污泥接触后被净化。主要优点是工艺操作相对成熟简单，处理效果较好。

生物膜法的共同特点是微生物附着在介质“滤料”表面上，形成生物膜，污水同生物膜接触后被净化。主要优点是对水质、水量变化的适应性较强。

（4）厌氧生物处理方法。有些废水含有很多复杂的有机物，采用好氧生物处理往往难以生物降解或不能降解，但这些有机物往往可以通过厌氧菌分解为较小分子的有机物，而那些较小分子的有机物可以通过好氧菌进一步分解。厌氧生物处理方法主要用于污泥的消化、高浓度有机废水和温度较高的有机工业废水的处理。

（三）城市污水处理工艺

城市污水处理工艺主要采取二级处理或三级处理工艺。每级处理工艺主要功能如下。

（1）一级处理即初级处理。通过机械过滤、筛滤等沉淀方法，主要去除固体悬浮物。

（2）二级处理主要为生化处理工艺。可大幅度去除污水中呈胶态和溶解态的有机物（BOD），使出水 BOD 可达标排放。

(3) 三级处理又称污水的高级处理或深度处理，主要去除难降解物质（氮、磷）。主要采用物理化学法或土地利用法实现。

六、我国水污染防治举措

(一) 提高水资源利用率

提高水资源利用率，不但可以增加水资源，而且可以减少污水排放量、减轻水体污染。为了提高水资源利用率，可以从以下 3 方面进行。

1. 提高农业灌溉用水利用率

目前我国农业用水量约占全国总用水量的 64%，水的有效利用率只有 45%左右，而发达国家利用率为 70%～80%；我国农作物水分生产率平均为 0.87kg/m^3，发达国家一般为 2kg/m^3，而以色列为 2.32kg/m^3。如果灌溉水利用率提高 10%～15%，那么每年可减少灌溉用水量 600 亿～800 亿 m^3。

据估算，如果科学地发展节水农业，到 2030 年我国灌溉水的利用系数可达到 0.6～0.7，水分生产率可以达到 1.5kg/m^3，则可利用节约的水增产 1.2 亿 t 粮食。

2. 提高工业用水利用率

由于技术和管理等方面的原因，我国工业用水存在着严重的高耗水率、低重复利用率的现象。例如，我国生产 1t 钢需用水 23～56m^3，而在美国、日本和德国，其用水量不到 6m^3；我国生产 1t 纸需用水 450m^3，而发达工业国家至多使用 200m^3。此外，我国工业用水重复利用率在 30%～40%，而发达国家基本在 70%～90%。

针对这一现象，应从以下几方面着手：第一，需要对高耗水、低重复利用的企业责令实行强制性技术改造，促使其采用节水工艺，加装污水净化设施以降低水资源浪费，减少污染；第二，要放开污水处理市场，鼓励企业建设污水回用设施或投资污水处理，并给予政策上的扶持和财政上的补贴，以提高其污水处理率；第三，根据科技发展状况逐年降低单位产品用水限额，以促使企业节约用水，提高水资源的效率。

3. 提高城市生活用水利用率

我国多数城市自来水管网跑、冒、滴、漏现象严重，损失至少达城市生活总用水量的 20%，家庭生活用水浪费现象十分普遍。因此，城市生活用水的节水潜力也很大，据调查有 1/3～1/2 的潜力可挖。

除了完善管线、管网外，在社会范围内大力提倡节约用水十分必要。

（二）发展城市污水资源化

城市污水资源化既可缓解供需矛盾，又可减轻水污染。我国“十五”规划纲要中指出，到 2010 年全国城市污水处理率必须达到 60%，全国 113 个环保重点城市污水处理率达 70%。这为城市污水资源化工作的推进提供了坚实和可靠的基础。

（三）因地制宜发展污水处理技术

鉴于我国水资源紧缺，水资源在时空分布上极不平衡，加之各地在经济发展上的差异，在水污染防治上应采取不同的对策。在南方地区，根据水环境容量相对充沛的特点，应科学地利用大江、大海的自然净化能力，通过论证，在初级处理的基础上，发展城市污水排海、排江工程。还可利用南方小河、小湖纵横交错的优势，合理规划，科学布局，适当发展一些生态水处理和脱氮除磷技术。

在北方和中部地区，水资源短缺是突出的矛盾，应以污水资源化为重点，发展污水资源的二次利用、多次利用和重复利用。以污水回用为目标，城市排水管网和污水处理厂的设置应作相应的调整，并发展以二级生物处理为主的处理工艺。

在西部高原干旱、半干旱地区，主要是采取改善生态的措施，发展一些污水资源化技术和土地处理技术。

（四）开展流域性水污染防治

所谓流域性防治，是指按水文地理划分区域，综合考虑地表和地下水流，针对优先要解决的水污染问题，公共和私人部门相协调对水污染所做的各种努力。

从 1994 年开始，以淮河、海河、辽河、太湖、巢湖、滇池等“三河”“三湖”为重点，开展了流域水污染治理工作。

以辽河为例，辽河流域是我国七大流域之一，在辽宁省境内由辽河水系和大辽河水系组成，共有主要支流河 43 条。“50 年代淘米做饭，60 年代洗衣灌溉，70 年代水质变坏，80 年代鱼虾绝代”，这是辽河水质由清变浊的真实写照。大部分支流河与人群集中居住区距离较近，环境污染问题严重，是群众关心的热点和难点问题。要搞好辽河治理，支流河的治理是关键。鉴于此，辽宁省结合本省实际，抓住关键，多措并举，深入开展支流河整治，取得了初步成效。

1. 大力调整产业结构

产业结构不合理、污染排放强度高、结构性污染严重是辽河流域水污染的一个突出特点。针对这一特点，把产业结构调整作为促进工业污染防治、提高经济质量的一条治本之策，在源头上降低污染物排放量，促进环境与经济的协调发展。辽宁省“十五”期间关停经济效益差、污染严重的企业600余家，取缔“十五小”（指小造纸、小制革等15种污染严重的小型企业）和“新五小”（指小钢铁、小水泥等5种污染严重的小型企业）企业1700多家，关闭制浆规模在2万t以下的造纸厂12家，年减排污水200多万t，减排COD 3.11万t。

2. 深化工业污染防治

工业污染源是流域第二大污染源。2000年工业污染源达标排放以来，政府大力推行清洁生产，不断深化工业污染防治工作。2004年与2000年相比，工业企业新鲜水取用量减少了24.5%。在冶金、电力、煤炭和选矿等高耗水行业创建了50多家废水“零排放”企业。

3. 加快城市环境基础设施建设

2004年，辽河流域COD排放总量为41.18万t，其中有26.73万t来源于生活污染，生活污染已经成为流域的第一大污染源。建设城市污水处理厂是治理生活污染的根本之策，从2008年开始启动了99座污水处理厂建设。2010年底全部建成后，将有大部分污水处理厂达标水排入一级支流河。

4. 采取系列综合整治措施

全省针对支流河污染治理，建立了重点支流断面监测、管理和考核体系，实行水质月分析制度、生态补偿制度，实行河（段）长负责制、推行红色警戒线制度等一系列综合整治措施，辽河支流水质明显改善。

5. 启动河道生态治理工程

辽河流域11个市在支流河水质明显好转的基础上，全部启动了“乔、灌、草、水面”相结合的河道生态治理工程。主要做法是，因地制宜，规划建设一批湿地，通过“地球之肺”的过滤功能，使得辽河自净能力得到显著提高；在河道内大面积种植蒲草、芦苇等草本植物，实行生物治理，提高水体自净能力；在河滩地栽植柳条、槐条等矮科灌木，以防沙固沙，控制扬尘；在河流两岸植树，进行景观绿化。还实施了入河道清淤、取缔入河排污口、疏浚、主要河段景观化建设等工程。

6. 实施经济处罚

辽宁目前正在酝酿实施河流出市断面水质超标补偿制度，对出市断面水质超过规定标准的市，给予经济处罚。

通过几年来不懈的努力，辽河流域水污染防治工作取得了阶段性的成果。2009 年 5 月，辽河流域水质总体呈好转趋势。支流水质同比 2009 年明显好转，与 2009 年同期相比，78.1% 的支流水质 COD 浓度有所下降，降幅为 11.3%～85.5%。

第六章　固体废弃物及其环境保护

第一节　固体废弃物的概述

一、固体废弃物的定义

固体废物是指在社会的生产、流通、消费等一系列活动中产生的一般不再具有原使用价值而被丢弃的以固态和泥状赋存的物质。

2004 年 12 月 29 日修订、2005 年 4 月 1 日施行的《中华人民共和国固体废物污染环境防治法》第六章第八十八条第（一）款中指出："固体废物是指在生产、生活和其他活动中产生的丧失原有利用价值或者虽未丧失利用价值但被抛弃或者放弃的固态、半固态和置于容器中的气态的物品、物质以及法律、行政法规规定纳入固体废物管理的物品、物质。"

在《巴塞尔公约》的有关文件中，也对"废物"给出了比较确切的理解："废物"是指处置的或打算予以处置的或按照国家法律规定必须加以处置的物质或物品。

另一个在国际上较为通用的定义是："无直接用途的、可以永久丢弃的可移动的物品"。这里所谓的"永久丢弃"意味着废物将不再回收利用。

二、固体废弃物的特性

固体废物具有随时间、空间变化的二重性。所谓不再具有原使用价值，并不意味其没有利用价值，事实上，废与不废是一个相对的概念，它与当时的社会发展阶段，技术水平与经济条件以及生活习惯均密切相关。在实际的生产和生活过程中，人们对自然资源及其产品的利用总是只利用需要的一部分或只利用一段时间，而剩下的无用或失效部分则被丢弃。被丢弃的这部分物质是多种多样的，它是否成为废物，是具有一定时空条件的。某一种生产活动产生的废物，可能成为另一种生产活动的原料；同样，在一个时期被视为废物的东西，随着科学技术的发展和进步，又可能成为宝贵的资源。例如，采矿废渣可以作为水泥生产的原料，电镀污泥可用来回收高附加值的重金属产品，城市垃圾可以焚烧发电……

固体废物也有二次资源、再生资源、放错了地方的资源等称谓。固体废物工程也发展成为一门新兴的应用技术型学科，即再生资源工程。总之，“放错地点的原料”，“废”具有时间和空间的相对性。

三、固体废弃物的分类

按照其化学组成，分为有机废物和无机废物。

按照其对环境与人类健康的危害程度，分为一般废物和危险废物。

按照其来源，分为工业固体废物、城市垃圾、放射性废物等。

我国《固体废物污染环境防治法》将固体废物分成城市生活垃圾、工业固体废物、危险废物。

（一）工业固体废弃物

这类固体废弃物指工业生产过程和工业加工过程所产生的废渣、粉尘、废屑、污泥等。主要包括以下几种。

（1）冶金工业废弃物。这主要指各种金属冶炼或加工过程中所产生的各种废渣，如炼铁产生的炉渣，炼钢产生的钢渣，铜、镍、铅、锌等冶炼过程中产生的有色金属渣，铁合金渣以及提炼氧化铝时产生的赤泥等。

（2）能源工业固体废弃物。这主要指燃煤电厂产生的粉煤灰、炉渣、烟道灰、采煤及洗煤过程中产生的煤矸石等，还有石油工业产生的油泥、焦油、页岩渣、废催化剂等。

（3）化学工业固体废弃物。这主要指化学工业生产过程中产生的硫铁矿渣、酸渣、碱渣、盐泥等。

（4）其他固体废弃物。这主要指机械加工过程中产生的金属碎屑、建筑废料以及轻工纺织系统产生的废渣及水处理污泥等。

（5）矿业固体废弃物。这类废弃物主要包括采矿废石和尾矿。废石是指各种金属、非金属矿山开采过程中剥离下来的各种岩石。

这类废弃物量大，多在采矿现场就近堆放；尾矿则是指各种选矿、洗矿过程中产生的剩余尾砂。

（二）城市垃圾

城市垃圾指居民生活、商业活动、市政维护、机关办公等产生的生活废弃物。如炊厨废弃物、废纸、织物、家用杂具、玻璃陶瓷碎物、电器制品、废旧塑料制品、废交通工具、煤灰渣、脏土及粪便等。

（三）农业固体废物

农业固体废物指农、林、牧、渔各业生产、科研及农民日常生活过程中的植物秸秆、牲畜粪便、生活废物等。

（四）放射性固体废弃物

放射性固体废弃物指燃料生产加工、同位素应用、核电站、科研单位、医疗单位以及放射性废物处理设施的放射性废弃物：如尾矿、被污染的废旧设备、仪器、防护用品、废树脂、水处理污泥及残液等。

（五）有害废弃物

有毒有害固废国际上称之为危险固体废物，泛指除放射性废物外，具有直接毒害，即具有毒性、易燃性、反应性、腐蚀性、爆炸性、传染性的废物，如：医药废物、二噁英的废物。有毒有害废弃物一旦管理不当，就会对人体健康和环境造成危害。这种危害包括急性危害，如急性中毒、火灾爆炸等。还包括长期潜在性危害，如慢性中毒、致癌、污染地面和地下水等。

危险废物（法规定义），是指列入国家危险废物名录或者根据国家规定的危险废物鉴别标准和鉴别方法认定的具有危险特性的固体废物。

第二节 固体废弃物的环境问题

一、固体废弃物的污染现状

固体废弃物的种类繁多，成分复杂，数量巨大，是环境的主要污染源之一，其危害程度不亚于水污染和大气污染。由各种废弃物造成的环境污染及其控制已成为世界各国所共同面临的一个重大环境问题，特别是危险废物，由于其对环境造成污染的严重性，1983年联合国环境规划署将其与酸雨、气候变暖和臭氧层保护并列作为全球性环境问题，1992年6月在联合国第二次世界环境与发展大会上制定的21世纪议程中，也把解决危险废物的污染问题列入重要内容。

我国对固体废弃物污染控制起步较晚，虽然在固体废弃物的处理利用方面已取得一定进展，并出现了一些适合我国目前经济技术发展水平的固体废弃物处理技术，但与发达国家相比，水平还很低，处理、处置技术还远远不能满足国内经济和社会发展的需要。

（一）工业固体废弃物污染现状

随着工业生产规模的扩大，工业固体废物的产生量逐年递增，自1981年到1988年，中国经历了一个工业固体废弃物产生量以年增长率8%～15%高速增长的时期，1989年起，增长率降为2%～5%。进入20世纪90年代后年产生量超过6亿t。目前，我国工业固体废弃物的产生量已经达到12亿t，年产生量最大的是矿山开采和以矿石为原料的冶炼工业产生的固体废弃物，超过工业固体废弃物产生量的80%以上。产生量最大的几种工业固体废弃物是：尾矿、煤矸石、粉煤灰、炉渣、冶炼废渣。

在所产生的工业固体废弃物中，占产生量40%多的工业固体废弃物得到综合利用，占产生量35%左右的工业固体废弃物被贮存，占产生量15%左右的工业固体废弃物被处理，排放进入环境的废物量为占产生量的9%～10%。尽管近年来加强了对工业固体废物的管理，特别是废物的再生利用得到了较大的发展，但仍有40%左右的废物没有得到妥善的处理，只是在企业内部临时贮存。有些大型企业虽然建起了填埋场，但由于没有采取严格的防渗措施和缺乏科学的管理，仍存在污染地下水的情况。此外，每年还有约几千万吨的工业固体废物非法排入环境，其中约有 1/3 直接排入天然水体，成为地表水和地下水的重要污染源之一。由此造成的环境纠纷也时有发生。

（二）城市垃圾污染现状

随着城市人口的增加、城市规模的扩大和居民生活水平的提高，我国的城市垃圾产生量也急剧增加，近 20 年来，城市生活垃圾对市容景观的破坏和对生态环境的污染已相当严重。全国城市生活垃圾年产量约 1.5 亿 t，并以每年近 10％的速度递增。中国约有 2/3 的城市陷入垃圾围城的困境。由于历史欠账多，各城市普遍缺乏符合标准的处置设施，年复一年地将生活垃圾裸露堆放在郊区。对大气和地下水都造成了严重的污染。

城市垃圾不仅造成公害，更是资源的巨大浪费。每年产生的 1.5 亿 t 的城市垃圾中，被丢弃的“可再生资源”价值高达 250 亿元。当前存在大量未经分类就填埋或焚烧的垃圾，这既是对资源的巨大浪费，又会产生二次污染。

（三）农业固体废弃物污染现状

随着农村经济快速增长，农村消费品种类和数量明显增加，广大农村的环境污染和生态破坏问题已经成为保持农村经济可持续发展的一大障碍。

乡镇企业排放的固体废弃物和农村生活垃圾得不到妥善的处理处置，乡镇企业排放的污染物占整个工业污染的比重已由 20 世纪 80 年代的 11％增加到现在的 45％，主要污染物排放量已经接近或超过工业企业的一半以上。田头、路旁、水边，许多天然河道、溪流成了天然垃圾桶。我国是农业大国，农作物秸秆的年产生量约 6 亿 t，每年秸秆利用数量相当有限。秸秆还田腐烂速度和秸秆还田机械问题尚待解决，秸秆造纸引起的污染难题也需根治，秸秆不完全燃烧产生的二噁英、一氧化碳、二氧化碳等有毒有害气体，严重污染了农村大气环境。

农业部组织的地膜残留污染调查结果表明，我国农膜年残留量高达 35 万 t，残膜率达 42％。地膜残留污染较重的地区，其残留量在 90～135kg/hm^2，高者达 270 kg/hm^2。

20 世纪 90 年代以来，我国兴建了许多大中型集约化的禽畜养殖场，养殖业规模及产值均发生了巨大的变化，同时禽畜粪便的排放量也急剧增加。有关资料显示，2000 年全国畜禽粪便年产生量已达到约 17.3 亿 t，是工业废弃物的 2.7 倍。这种直接排放已造成地表水、饮用水的严重污染，同时也是大气与地下水的严重污染源。

（四）危险废物污染现状

我国工业危险废物的产生量逐年递增，近几年每年产生工业危险废物在 1000 万 t 左右。

据统计，在所产生的危险废物中，占产生量 40% 左右的危险废物得到了综合利用，占产生量 40% 左右的危险废物被贮存；占产生量 15% 左右的危险废物被处理，占产生量 5% 左右的危险废物被排放进入环境。

二、固体废弃物对环境的危害

1943—1953 年，在美国纽约州尼加拉市的一段废弃腊芙运河的河床上，两家化学公司填埋处置了 80 余种化学废物约 21000t。从 1976 年开始，当地居民家中的地下室发现了有害物质的浸出，同时还发现在当地居民中有癌症、呼吸道疾病、流产等多发现象。当地政府对约 900 户居民采取紧急避难措施，并对处置场地实施了污染修复工程，前后共耗资约 1.4 亿美元。作为国际上固体废物污染环境的典型案例，腊芙运河事件可以说是最著名的。

近几年，我国的“白色污染”日益严重，已引起社会普遍关注和强烈反响。“白色污染”指的是大量的废旧包装用塑料膜、塑料袋和一次性塑料餐具（统称塑料包装物）以及使用后的地膜。据有关部门调查，北京市生活垃圾日产量为 1.2 万 t，其中塑料废弃物含量约为 3%，每年总量约为 14 万 t；上海市生活垃圾日产量为 1.1 万 t，其中塑料废弃物含量约为 7%，每年总量约为 29 万 t。天津市生活垃圾日产量为 0.58 万 t，其中塑料含量约为 5%，每年总量约为 10.6 万 t。它的潜在危害是进入自然环境后难以降解而带来的长期的深层次环境问题。“白色污染”是固体废物污染环境的最直观的范例。

固体废物堆积量大、成分复杂，性质也多种多样。特别是在废水、废气治理过程中所排出的固体废物，浓集了许多有害成分，因此，固体废物对环境的危害极大，污染也是多方面的。

(一) 侵占土地，破坏地貌和植被

固体废物如不加利用处置，只能占地堆放。据估算平均每堆积 1 万 t 废渣和尾矿，占地 670m^2 以上。这些城市垃圾、矿业尾矿、工业废渣等侵占了越来越多的土地，土地是宝贵的自然资源，我国虽然幅员辽阔，但耕地面积却十分紧缺，人均耕地面积只占世界人均耕地的 1/3。固体废物的堆积侵占了大量土地，造成了极大的经济损失，从而直接影响了农业生产、妨碍了城市环境卫生，而且埋掉了大批绿色植物，大面积的破坏了地球表面的植被，这不仅破坏了自然环境的优美景观，更重要的是破坏了大自然的生态平衡。

(二) 污染土壤

固体废弃物长期露天堆放，其中有害成分经过风化、雨淋、地表径流的侵蚀很容易渗入土壤中，不仅会使土壤中的微生物死亡，使之成为无腐解能力的死土，而且这些有害成分在土壤中过量积累，还会使土壤盐碱化、毒化。

由于工业固体废弃物中的有害物质释入土壤，积累量过大，导致土壤破坏、废毁、无法耕种的事例很多。如前联邦德国某冶金厂附近的土壤被污染后，在该土地上生长的植物体内含铅量为一般植物的 80～260 倍，含锌量为一般植物的 26～80 倍，含铜量为 30～50 倍。我国也有一些地区的稻田受到镉的污染，稻米含镉超标，无法食用。

如果直接用垃圾、粪便或来自医院、肉联厂、生物制品厂的废渣作为肥料施入农田，其中的病原菌、寄生虫等就会使土壤污染，被病原菌污染后的土壤，可通过以下两条途径使人致病。

(1) 人与污染后的土壤直接接触，或生吃该土壤上种植的蔬菜、瓜果致病。

(2) 污染土壤中的病原体和其他有害物质，随天然降水径流和渗流进入水体，再传于人体。

另外，垃圾、粪便长期弃置郊外，作为堆肥使用，使土壤碱性增加，重金属富集。因过量施用废弃物使土质被破坏的土地每年有近 7000hm^2，从而影响了农业生产。

受到污染的土壤，由于一般不具有天然的自净能力，也很难通过稀释扩散的办法减轻其污染程度，所以不得不采取耗资巨大的办法解决。

（三）污染水体

固体废弃物一般通过下列几种途径进入水体，使水体污染。

（1）废弃物随天然降水流入江、河、湖、海，污染地表水。堆积的固体废物可随天然降水和地表径流流入河流湖泊，或将固体废物直接向临近江、河、湖、海等水域排放，均会造成地表水受到严重污染。不仅破坏了天然水体的生态平衡，妨碍了水生生物的生存和水资源的利用，而且使水域面积减少，严重时还会阻塞航道。据统计，全国水域面积与新中国成立初期相比，已减少 1330 万 m^2。

（2）废弃物中的有害物质随水渗入土壤，进入地下水，使地下水污染。

（3）较小的颗粒、粉尘随风散扬，落入地面水，使其污染。

（4）将固体废弃物直接排入江、河、湖、海，使之造成更大的污染。由于许多企业的堆渣无地可征，我国有不少场所直接把废渣排入水体，每年约 4000 多万 t，仅电厂每年向长江、黄河等水系统排放粉煤灰 500 万 t。有的企业在排污口外形成的灰滩已延伸到航道中央，长江上游的一些沿江企业排出的灰渣在河道中大量淤积，将对中游的大型水利工程造成潜在的危害。

（四）污染大气

固体废物中所含的粉尘及其他颗粒物在堆放时会随风飞扬，在运输过程中也会产生有害气体和粉尘，这些粉尘或颗粒物不少都含有对人体有害的成分，有的还是病原微生物的载体，对人体健康造成危害。有些固体废物在堆放或处理过程中还会向大气散发出有害气体和臭味，危害则更大。例如，煤矸石的自燃在我国时有发生，散发出煤烟和大量的二氧化硫、二氧化碳、氨等气体，造成严重的大气污染。焚烧塑料垃圾会释放出多种有毒气体，其中一种称为二噁英（Dioxin）的化合物对人类和动物的毒性极大。

二噁英是一类化合物的简称，包括 210 种化合物，这类物质非常稳定，熔点较高，极难溶于水，可以溶于大部分有机溶剂，是无色无味的脂溶性物质，所以非常容易在生物体内积累。自然界的微生物和水解作用对二噁英的分子结构影响较小，因此，环境中的二噁英很难自然降解消除。它的毒性十分大，是氰化物的 130 倍、砒霜的 900 倍，有“世纪之毒”之称。国际癌症研究中心已将其列为人类一级致癌物。环保专家称，二噁英常以微小的颗粒存在于大气、土壤和水中，主要的污染源是化工冶金工业、垃圾焚烧、造纸以及生产杀虫剂等产业。日常生活所用的胶袋，PVC（聚氯乙烯）软胶等物都含有氯，燃烧这些物品时便会释放出二噁英，悬浮于空气中。

（五）造成巨大的直接经济损失和资源能源的浪费

我国的资源能源利用率很低，大量的资源、能源会随固体废物的排放流失。矿物资源一般只能利用 50% 左右，能源利用只有 30%。同时，废物排放和处置也要增加许多额外的经济负担。目前我国每输送和堆存 1t 废物，平均能耗都在 10 元左右，这就造成了巨大的经济损失。此外，某些有害固体废物的排放除了上述危害之外，还可能造成燃烧、爆炸、中毒、严重腐蚀等意外事故和特殊损害。

（六）影响环境卫生

固体废物在城市里大量堆放而又处理不妥，不仅妨碍市容，而且有害城市卫生。城市堆放的生活垃圾，非常容易发酵腐化，产生恶臭，招致蚊蝇滋生、老鼠繁衍等，容易引起疾病传染；在城市下水道的污泥中，还含有几百种病菌和病毒。长期堆放的工业固体废物有毒物质潜伏期较长，会造成长期威胁。

第三节 固体废弃物的管理与控制

固体废物会造成环境污染，但它也有可利用的一面。所谓固体废物，只是相对而言。实际上，固体废物中仍然不同程度地含有可利用的物质。因此，研究开发固体废物的处理与综合利用途径，对固体废弃物进行适当的管理，一方面可以变“废”为宝，开发出新产品；另一方面又可消除其中的有害物质，减轻对环境的污染。

一、固体废弃物的管理

1985 年，国家环保局开始组织人力制订《中华人民共和国固体废物污染环境防治法》。经过十年的艰难过程，最终于 1995 年 10 月 30 日颁布，并于 1996 年 4 月 1 日正式实施。该法于 2004 年经第十届全国人大常委会第十三次会议予以修订通过。

（一）固体废弃物管理的基本原则

在初期，世界各国都把注意力放在末端治理上，提出了资源化、减量化和无害化的“三化”原则。

（1）资源化。也称为综合利用，是指通过对废弃物中的有用成分进行回收、加工、循环利用或其他再利用，使废弃物直接变为产品或转化为能源及二次原料。如废旧容器的回用、废塑料热解制燃料油、废纸回用做纸浆、垃圾焚烧发电、填埋产沼利用等。

（2）减量化。是对已经产生的固体废弃物通过处理减少其体积或重量的过程。如固体废弃物的焚烧、破碎、压实等。这里需要强调的是，固体废弃物的资源化也是一种非常有效的减量化处理手段。

（3）无害化。是指对已经产生，但又无法或暂时无法进行综合利用的固体废弃物通过处理降低或消除其危害特性的过程，是保证最终处置长期安全性的重要手段。如固化/稳定化、焚烧、中和、氧化、还原等。

经历了许多事故与教训之后，人们越来越意识到对固体废弃物实行源头控制的重要性。由于固体废弃物本身往往是污染的“源头”，故需对其产生—收集—运输—综合利用—处理—贮存—处置实行全过程管理，在每一环节都将其作为污染源进行严格的控制。因此，解决固体废弃物污染控制问题的基本对策是，避免产生（Clean）、综合利用（Cycle）、妥善处置（Control）的所谓“3C”原则。另外随着循环经济、生态工业园及清洁生产理论和实践的发展，有人提出了“3R”原则，即通过对固体废弃物实施减少产生（Reduce）、再利用（Reuse）、再循环（Recycle）策略实现节约资源、降低环境污染及资源永续利用的目的。

（二）固体废弃物管理的手段

（1）搞清固体废弃物的来源和数量。对固体废弃物产生量的计算在固体废弃物管理中是十分重要的，它是保证收集、运输、处理、处置以及综合利用等后续管理能够得以正常实施和运行的依据。只有搞清了固体废物的来源和数量，才能对其进行合理的鉴别和分类。

（2）对固体废弃物进行鉴别和分类。掌握固体废弃物的基本性质是选择处理处置工艺、制定管理对策的重要前提。

（3）标明固体废弃物的特性、有害成分的含量。

（4）对固体废弃物进行收集和运输。与固体废物收集、运输有关的因素有很多，例如：收集容器、收集方式、运输车辆、运输路线、转运站的类型与设置、交通状况等，都对固体废弃物的收运效率和费用产生较大的影响。

（5）固体废弃物处理和处置。

二、固体废弃物的控制

固体废物污染控制需从两个方面入手，一是减少固体废物的排放量，二是防治固体废物污染。

（一）减少固体废弃物的产生

1. 工业固体废物

要想减少工业固体废物的产生，可采取以下主要控制措施。

（1）积极推行清洁生产审核，实现经济增长方式的转变，限期淘汰固体废物污染严重的落后生产工艺和设备。

（2）采用清洁的资源和能源。

（3）采用精料、改进生产工艺，采用无废或少废技术和设备。

（4）加强生产过程控制，提高管理水平和加强员工环保意识的培养。

（5）提高产品质量和寿命。

（6）发展物质循环利用工艺，进行综合利用。

2. 城市生活垃圾

为有效减少生活垃圾的产生，可采取以下控制措施：

（1）鼓励城市居民使用耐用环保物质资料，减少对假冒伪劣产品的使用。

（2）加强宣传教育，积极推进城市垃圾分类收集制度。

（3）改进城市的燃料结构，提高城市的燃气化率。

（二）对于产生的固体废物，尽量进行系统内外的回收利用

1. 工业固体废弃物的利用

（1）煤系固体废物的利用。

① 粉煤灰。粉煤灰来自工厂的锅炉和煤气站，产生量很大。各厂所采取的利用方式及处置方法与锅炉渣相似，即生产建材、作燃料、外卖等。国内一些行业有许多粉煤灰的成熟技术可以借鉴。将粉煤灰分类，可以提高综合利用的成效。表 6-1 介绍的是国内几种

较成熟先进并行之有效的粉煤灰综合利用技术。

② 煤矸石。煤矸石是采煤过程中产生的废渣，也是一种可用的资源。含碳量较高的煤矸石，可直接供沸腾炉作燃料；含碳量较低的，可以用于砖瓦、水泥等建材的生产；含碳量极低的，可填坑造地或用做路基材料。

（2）冶金废渣的利用。

① 高炉渣。高炉渣的产量随冶炼技术及矿石的品位不同而变化。高炉渣属于硅酸盐材料。它化学性质稳定，并具有抗磨、吸水等特点，可供广泛应用，国内对高炉渣的应用都很重视，美、英、法、日等国高炉渣的利用率已达 100%，甚至出现了很多专营高炉渣商品的公司和工厂。我国高炉渣的利用率已达 85% 以上。为了适应不同的用途，高炉渣可分别被加工成水渣、矿渣碎石和膨胀矿渣等几类主要产品。

表 6-1　粉煤灰综合利用技术与成效

利用技术	成　效
粉煤灰作混凝土和砂浆的掺合料	可节省砂、石灰及 20%～30% 的水泥
粉煤灰用于公路或道路的垫层、基层、承重、面层及路堤等	路的板体结构性好，使用寿命长，且技术简单易行，工程造价低
粉煤灰用于酸性土、黏性土等地区的土壤改良	有肥效，可提高 10%～30% 的作物产量
从粉煤灰中回收空心微珠漂珠	具有高强、耐磨、绝缘等特性，是一种质优价廉用途广泛的高效能材料，可用做塑料、涂料、油漆等的填料，也可用做保温、防火、灭火及耐热、磨材料等
从粉煤灰中回收炭粉	做活性原料或代替精煤使用
从粉煤灰中回收铁粉	可回炉炼铁或代替水泥配料

② 钢渣。钢渣是炼钢过程中排出的固体废物，迄今人们已开发出了多种有关钢渣综合利用的途径，主要包括冶金、建筑材料、农业利用和回填几个领域。

（3）化工固体废物的利用。化工固体废物种类繁多，成分复杂，治理的方法和综合利用的工艺多种多样，应重点抓好量大面广的治理和综合利用。

① 对硫铁矿烧渣，应根据其含铁量的不同确定其用途，铁含量高的应回炉炼铁；低铁、高硅酸盐的硫铁矿烧渣宜做水泥配料。

② 铬渣可代替石灰石作炼铁熔剂。在冶炼过程中铬成为金属进入铁组分中，可彻底消除六价铬浸出的危害；根据铬渣在高温下能

还原成低价态无毒铬的原理，可将铬渣掺入煤中用于发电、用铬渣作玻璃着色剂或钙镁磷肥和铸石。还可利用碳对铬渣进行干法还原除毒；用电解法处理铬酸、生产铬盐精、回收铬硫酸氢钠等。电镀含铬废液应采用一步处理，除铬后的水达标排放，其泥污可用化学方法制成铬黄、柠檬黄等化工产品。

③ 烧碱盐泥可采用抽滤、沉淀过滤法进行处理，或用于制氧化镁等；含汞盐泥可用次氯酸钠氧化法、氯化—硫化—熔烧法进行处理，并回收金属汞。

④ 电石渣可制水泥或代替石灰作各种建筑材料、筑路材料等，还可用来生产氯酸钾等化工产品。

（4）石油工业固体废物的利用。石油工业固体废物种类繁多，成分复杂，治理的方法和综合利用工艺多种多样。十几年来，国内外在这方面做了大量的研究工作，开发出一批技术成熟、经济效益高的处理和综合利用技术，目前主要采取的技术措施有：化学反应、物理分离、焚烧、填埋等。

① 化学反应法。该方法主要利用废物的某些化学特性，使用相应的化学药剂进行废物性质的改善或回收某些有用成分。如：用氨吸收法处理废酸液生产硫酸铵，利用硝酸溶解法从废催化剂中回收银等。

② 物理分离法。这个方法主要是利用废物中某些成分之间物理特性的差异，达到分离的目的。如用活性碳吸附法治理甲乙酮生产废酸等。

③ 焚烧法。石油化学固体废物大部分含有有机物，因此焚烧可使废物的重量和体积减少 80% 以上，同时可使各种有害成分转化为无害物质，还可回收热能。目前我国石油化工企业已建立了数十个固体废物焚烧炉。

2．城市垃圾的利用

20 世纪 70 年代世界性能源危机产生以来，从固体废弃物中，特别是城市垃圾回收能源的技术得到迅速发展。将城市固体废弃物直接焚烧，然后利用焚烧释放出的热量供热或发电。从目前世界上发展的趋势来看，大多数人认为垃圾的焚烧法具有广阔的发展前景，是垃圾处理的必然发展趋势。然而该方法存在着较严重的大气污染问题，它排出的硫氧化物、氮氧化物、二噁英等对大气有着一定的威胁，尤其是对二噁英的争议很大。

利用城市垃圾进行堆肥制作的技术在国内外发展已比较成熟，

对此项技术的推广与应用需要与之相应的垃圾分类管理体系以及对有机农业所应有的重视。将城市垃圾堆肥施用到农田中是我国传统的垃圾利用方法，是消纳处理城市垃圾的有效措施。目前，我国每年产生城市生活垃圾5000万～7000万t，以利用率60%计算，其中含有相当于240万～336万t的有机物，180万～250万t的氮、磷、钾养分。把垃圾作堆肥施于农田；既可消除垃圾对环境的污染，又为农作物提供了充足的养分。

3. 农业固体废弃物的利用

我国是世界上农业固体废弃物产出量最大的国家。当前每年农业固体废弃物产出量大约40多亿t，其中主要包括畜禽粪便30亿t，农作物秸秆7亿t，蔬菜废弃物1亿～1.5亿t，乡镇生活垃圾和人粪便共2.5亿t。每年产生的农作物秸秆中约有3亿t可作为能源使用，折合1.5亿t标准煤；每年产生畜禽粪便约30亿t，若有效利用可生产数量很大的沼气。以农作物秸秆、畜禽粪便和农产品加工业副产品等农业废弃物的综合利用为主，通过发展农村户用沼气、建设养殖场沼气工程等，推进废弃物循环利用，可满足农村生产生活能源的部分需求，有效替代高污染、高排放的传统能源。

利用现有的固体废弃物好氧堆肥技术，可以使部分农业固体废弃物转化为有机肥料。固体废弃物中常含有丰富的有机质和作物养分，可以用来改良土壤，为作物提供营养元素等。

（三）无害化、稳定化处理

固体废弃物处理通常是指通过物理、化学、生物、物化及生化方法把固体废物转化为适于运输、贮存、利用或处置的过程。固体废弃物处理的目标是无害化、减量化、资源化。目前采用的主要方法包括：压实、破碎、分选、固化、焚烧、生物处理等。

1. 压实技术

压实是一种通过对废物实行减容化，降低运输成本、延长填埋场寿命的预处理技术。压实是一种普遍采用的固体废弃物预处理方法。如汽车、易拉罐、塑料瓶等通常首先采用压实处理。

2. 破碎技术

为了使进入焚烧炉、填埋场、堆肥系统等的废弃物外形尺寸减小，预先必须对固体废弃物进行破碎处理。经过破碎处理的废弃物，由于消除了大的空隙，不仅使尺寸大小均匀，而且质地也均匀，在填埋过程中更容易压实。固体废弃物的破碎方法很多，主要有冲击破碎、剪切破碎、挤压破碎、摩擦破碎等，此外还有专用的低温破碎和湿式破碎等。

3. 分选技术

固体废物分选是实现固体废物资源化、减量化的重要手段。一是通过分选将有用的充分选出来加以利用，将有害的充分分离出来；二是将不同粒度级别的废弃物加以分离。分选技术基本原理是利用物料的某些性质方面的差异，将其分选开。例如利用废弃物中的磁性和非磁性差别进行分离；利用粒径尺寸差别进行分离；利用比重差别进行分离等。根据不同性质，可以设计制造各种机械对固体废弃物进行分选。分选包括手工捡选、筛选、重力分选、磁力分选、涡电流分选、光学分选等。

4. 固化处理技术

固化技术是通过向废弃物中添加固化基材，使有害固体废弃物固定或包容在惰性固化基材中的一种无害化处理过程。理想的固化产物应具有良好的抗渗透性，良好的机械特性，以及抗浸出性、抗干湿、抗冻融特性。这样的固化产物可直接在安全土地填埋场处置，也可用做建筑的基础材料或道路的路基材料。固化处理根据固化基材的不同可以分为水泥固化、沥青固化、玻璃固化、自胶质固化等。

5. 焚烧和热解技术

焚烧法是固体废物高温分解和深度氧化的综合处理过程。好处是把大量有害的废料分解而变成无害的物质。由于固体废弃物中可燃物的比例逐渐增加，采用焚烧方法处理固体废弃物，利用其热能已成为必然的发展趋势。以此种处理方法固体废弃物，占地少，处理量大，在保护环境、提供能源等方面可取得良好的效果。欧洲国家较早采用焚烧方法处理固体废弃物，焚烧厂多设在 10 万以上人口的城市，并设有能量回收系统。日本由于土地紧张，采用焚烧法逐渐增多。焚烧过程获得的热能可以用于发电。利用焚烧炉产生的热量，可以供居民取暖，用于维持温室室温等。目前日本及瑞士每年把超过 65% 的都市废料进行焚烧而使能源再生。但是焚烧法也有缺点，例如：投资较大，焚烧过程排烟造成二次污染，设备锈蚀现象严重等。

热解是将有机物在无氧或缺氧条件下高温（500～1000℃）加热，使之分解为气、液、固三类产物。与焚烧法相比，热解法是更有前途的处理方法，其显著优点是基建投资少。

6. 生物处理技术

生物处理技术是利用微生物对有机固体废物进行分解使其无害化。这种技术可以使有机固体废物转化为能源、食品、饲料和肥料，还可以用来从废物和废渣中提取金属，是固体废物资源化的有效的技术方法。目前应用比较广泛的有：堆肥化、沼气化、废纤维素糖化、废纤维饲料化、生物浸出等。

（四）固体废物的最终处置

因技术原因或其他原因还无法利用或处理的固态废弃物，称为终态固体废弃物。终态固体废弃物可分为海洋处置和陆地处置两大类。

1. 陆地处置

陆地处置的方法有多种，包括土地填埋、土地耕作、深井灌注等。

土地填埋是从传统的堆放和填地处置发展起来的一项处置技术，它是目前处置固体废弃物的主要方法。按法律可分为卫生土地填埋和安全土地填埋。

（1）卫生土地填埋。这是处置一般固体废弃物使之不会对公众健康及安全造成危害的一种处置方法，主要用来处置城市垃圾。通常把运到土地填埋场的废弃物在限定的区域内铺撒成一定厚度的薄层，然后压实以减少废弃物的体积，每层操作之后用土壤覆盖，并压实。压实的废弃物和土壤覆盖层共同构成一个单元。具有同样高度的一系列相互衔接的单元构成一个升层。完整的卫生土地填埋场是由一个或多个升层组成的。在进行卫生填埋场地选择、设计、建造、操作和封场过程中，应该考虑防止浸出液的渗漏、降解气体的释出控制、臭味和病原菌的消除、场地的开发利用等问题。

（2）安全土地填埋。这是卫生土地填埋方法的进一步改进，对场地的建造技术要求更为严格。对土地填埋场必须设置人造或天然衬里；最下层的土地填埋物要位于地下水位之上；要采取适当的措施控制和引出地表水；要配备浸出液收集、处理及监测系统，采用覆盖材料或衬里控制可能产生的气体，以防止气体释出；要记录所处置的废弃物的来源、性质和数量，把不相容的废弃物分开处置。

2. 海洋处置

海洋处置主要分为海洋倾倒与远洋焚烧两种方法。

（1）海洋倾倒。这是将固体废弃物直接投入海洋的一种处置方法。

（2）远洋焚烧。这是利用焚烧船将固体废弃物进行船上焚烧的处置方法。废物焚烧后产生的废气通过净化装置与冷凝器，冷凝液排入海中，气体排入大气，残渣倾入海洋。这种技术适于处置易燃性废物，如含氯的有机废弃物。随着人们环境保护意识的增强和环境科学技术的发展，海洋处置方法已逐渐被人们抛弃。

三、危险固体废物的管理和处置

危险废物处置虽然在固体废物处置中所占的份额不大，但由于其毒性高、危害大、潜伏期长、处理要求高、所需资金多，因此成为比较难解决的环境问题。

（一）对危险废物进行全过程管理

加强政府管理职能，强化行政管理。在加强政府主管部门对危险废物的管理职能的同时，危险废物收集、处理、利用和处置的运营职能者则由企业承担。政府主管部门通过政策法规和污染控制标准对危险废物产生者和运营者实施监督，加强宏观管理；通过政策、价格机制以及资金资助等手段，鼓励先进的危险废物减量化技术、资源回收利用技术和处理处置技术的发展和应用。

（二）加强对危险废物产生源的控制，减少产生量和排放量

实现危险废物的减量化。在源头避免危险废物产生或减少危险废物的产生量，禁止向环境排放危险废物，通过实现危险废物的资源化或减量化处理使最终需要处置的危险废物量减少到最小。这就需要加强对重点危险废物产生源的控制，并全面推行无废、少废工艺和清洁生产。

第七章　物理性污染及其防治

第一节　噪声的污染及其控制

一、噪　声

（一）声音与噪声

声音是物体的振动以波的形式在弹性介质中进行传播的一种物理现象。声音的本质是振动。受作用的空气发生振动，当振动频率为20～20000Hz时，这种振动作用于人耳鼓膜而产生的感觉称为声音。高于20000Hz的称为超声，而低于20Hz的则称为次声。

噪声是人们不希望听到的声音。噪声取决于声音的客观物理性质、人的主观感觉、生理特征和心理特征。物理学认为，噪声是杂乱无章、难听而不协调、人们不需要、令人厌烦的声音的组合。生理学认为噪声是干扰人们工作、学习和休息的声音。

（二）噪声的特点

噪声污染是一种物理污染（称能量污染），它与工业“三废”一起并称为危害人类环境的“四大公害”。但噪声污染有其自身的特点。

（1）噪声与人的主观意愿有关。噪声与人的生活状态有关，关于声音是否构成噪声污染，以及噪声的程度，与人的主观评价关系相当密切。这也是噪声污染区别于其他物质污染的特点之一。

（2）噪声的局限性和分散性。局限性是指环境噪声影响的范围一般不大，不像大气污染和水污染可以扩散或传递到很远的地区。分散性是指环境噪声源常是分散的，这样对它的影响只能规划性防治而不能集中处理。

(3) 噪声是暂时性的。噪声源停止发声后，噪声的危害和影响即刻消除，不像其他污染源排放的污染物，即使停止排放，污染物亦可长期停留在环境中或人体内。所以噪声污染是没有长期和积累影响的。即噪声是物理公害、感觉公害、无污染物和无残留公害。

(三) 噪声的声学特性

与声音强弱有关的物理量及衡量噪声大小的物理量主要有以下几种。

(1) 声源。凡是发出声音的振动体，都称为声源。

(2) 声音频率。一个物体每秒振动的次数就是该物体振动的频率，由此而产生的声波的频率与其相等，单位为赫兹 (Hz)。频率高，声音尖锐；频率低，声调低沉。人耳能听到的声波的频率范围是 20～20000 Hz。

(3) 声音波长。沿声波传播方向，振动一个周期所产生的距离。

(4) 声音速度，简称音速，空气中音速约为 345m/s。

(5) 声压。声源振动时，空气压强比正常大气压增强或减弱的值，称为声压。符号为 P。声压能相对地表征声音强度的大小。

声压单位为帕 (Pa)，$1Pa = 1\ N/m^2$。

正常人刚能听到的声音的声压为 $20\mu Pa$——听阈。

人耳产生疼痛时的声音的声压为 20Pa——痛阈。

(6) 声强。即声音的强度，表示 1 秒内通过与声音前进方向成垂直的 $1m^2$ 面积上的能量称为声强 (W/m^2)。

(7) 声功率。指在单位时间内声源发射出来的总声能，单位为瓦特 (W)。

(8) 分贝、声压级、声强级和声功率级。人耳能听到的声音，不仅要求声波频率范围是 20～20000 Hz，还要求其声压与基准声功率 (为 10^{-12}W 范围) 之比值达 10^6 倍，实际应用很不方便。另外，人对声音大小的响应呈对数关系，故一般用分贝来表征声音的大小。

分贝 (dB) 是指两个相同的声学物理量 (声压、声强或声功率) 之比值取常用对数并乘以 10 (或 20)。这个对数值称为量度量的“级”。

声功率级　$L_w = 10\lg(W/W_0)$

声强级　$L_I = 10\lg(I/I_0)$

声压级　$L_p = 20\lg(P/P_0)$

式中，W_0——基准声功率，为 10^{-12} W；

I_0——基准声强，为 10^{-12} W/m^2；

P_0——基准声压，为 20 μN/m^2。

（9）噪声级。声级只反映人们对声音强度的感觉，不能反映人们对频率的感觉，而且人耳对高频声音比对低频声音更为敏感。因此表示噪声的强弱必须同时考虑声压级和频率对人的作用，这种共同作用的强弱称为噪声级。噪声级可借噪声计测量。噪声计中设有A、B、C三种计权网络，其中A权网络能较好地模拟人耳听觉特性。由A网络测出的声级成为A声级，计做“dB（A）”。A声级越高，人就觉得越吵闹。目前大多都采用A声级来表征噪声的大小。

以人们身边的声音为例，人们正常讲话的声音、交通的声音、空压机的噪声以及喷气式飞机的噪声强度分别如表7-1所示。

表7-1 不同声音的噪声级

噪声级/dB(A)	0	30	50	80	100	110	120
环境	听阈	耳语	办公室	公共交通	空压机	喷气式飞机	痛阈
感觉	听阈	很安静	安静	吵	很吵	十分吵	痛阈

二、噪声的分类

（一）噪声按声音的频率划分

噪声按声音的频率可分为：低频噪声（小于500Hz）、中频噪声（500～1000Hz）、高频噪声（大于1000Hz）。

（二）噪声按时间变化的属性划分

噪声按时间变化的属性可分为：稳态噪声、非稳态噪声、起伏噪声、间歇噪声以及脉冲噪声等。

（三）噪声源按其辐射性及其传播距离划分

噪声源按其辐射性及其传播距离，可分为点声源、线声源和面声源3种。

（1）点声源。是指小型设备，或设备的几何尺寸比噪声影响预测距离要小的多，或研究距离远大于噪声源本身的尺度。

（2）线声源。是指声源呈线性。如呈线性排列的水泵、矿山和选煤场的输送系统、繁忙的交通线等，其噪声是以近似线状的形式向外传播的，所以此类声源在近距离范围内总体上可以视做线声源。

（3）面声源。是指体积较大的设备或地域性的噪声发生体，这种声源发出的噪声往往是从一个面或几个面均匀地向外辐射，在近距离范围内，实际上是按面声源的传播规律向外传播。

（四）噪声按照来源划分

噪声按照来源可分为工业噪声、建筑施工噪声、交通运输噪声和社会生活噪声。

1. 工业噪声

《中华人民共和国环境噪声污染防治法》指出，工业噪声是指“在工业生产活动中使用固定的设备时产生的干扰周围生活环境的声音”。工业噪声主要包括空气动力性噪声、机械噪声和电磁噪声等。

空气动力性噪声是由于气体振动产生的。当气体受到扰动，气体与物体之间有相互作用时，就会产生这种噪声。鼓风机、空压机、燃汽轮机、高炉和锅炉排气放空等都可以产生空气动力性噪声。

机械噪声是由于固体振动而产生的。在撞击、摩擦、交变机械应力或磁性应力等的作用下，机械设备的金属板、轴承、齿轮等发生碰撞、振动而产生机械噪声。球磨机、轧机、破碎机、机床以及电锯等所产生的噪声都属于此类噪声。

电磁噪声是由于电动机和发电机中交变磁场对定子和转子作用，产生周期性的交变力，引起振动时产生的。电动机、发电机和变压器都可以产生这种噪声。

工业噪声一般占城市噪声的7%～39%。工业噪声不但会影响车间内外，还能造成局地污染（包括附近居民）。

2. 建筑施工噪声

《中华人民共和国环境噪声污染防治法》对建筑施工噪声的定义为：在建筑施工过程中产生的干扰周围生活环境的声音。

建筑施工噪声的特性：一是具有普遍性，城市中任何位置都可能成为建筑施工现场；二是突发性、干扰非永久性，即建筑施工噪声会随着建筑作业活动的结束而结束；三是强度大且持续时间集中，如打桩机、搅拌机、推土机、运料车等发出的声音一般在90dB以上；四是技术强制性强，控制难度大。

3. 交通运输噪声

交通运输噪声的定义为：机动车辆、铁路机车、机动船舶、航空器等交通运输工具在运行时所产生的干扰周围生活环境的声音。

交通运输噪声的特性是具有流动性，污染面大，对环境的影响面甚广，一般占城市噪声的25%～75%。载重汽车、拖拉机等重型车辆行驶时的噪声约为89～92dB，公共汽车的噪声约为80dB。车辆行驶速度加快，轮胎与地面摩擦所产生的滚动噪声增大。喇叭声在城市交通噪声中也较为突出，汽车鸣笛、车辆报站、公共汽车起始站的发车声都是近年来群众反映的交通噪声问题。

4. 社会生活噪声

所谓社会生活噪声，是指人为活动所产生的除工业噪声、建筑施工噪声和交通运输噪声之外的干扰周围生活环境的声音。如集会、娱乐、商业、学校操场（高音喇叭）等，人群熙攘、大声喧哗、楼房内敲打、儿童哭闹等。社会生活噪声的特性是分布范围大，一般占城市噪声的13%～52%。

三、噪声污染及其危害

（一）噪声污染

《中华人民共和国环境噪声污染防治法》对环境噪声污染的定义为：凡是超过国家规定的环境噪声排放标准，并干扰他人正常生活、工作和学习的现象，称为环境噪声污染。

目前，城市环境噪声的70%来自交通噪声。而交通噪声、建筑噪声和娱乐噪声引起的噪声污染投诉事件日益增多。噪声污染已严重影响了人们正常的生活、工作和学习，甚至带来更大危害。

（二）噪声的危害

1. 噪声对人体的生理影响

（1）长期生活在噪声环境中会导致耳聋。在强烈的噪声环境中，人耳会感到特别难受，刚离开这种环境时，耳朵还会嗡嗡响，听不清本来可以听得很清楚的声音，过一段时间，听觉才会逐渐恢复正常。这种现象叫做听觉疲劳，人的内耳听觉器官还没有受到损伤，医学上称为“暂时性听阈偏移”。

如果长期工作在90dB以上的噪声环境中，由于经常不断地受到入耳难以接受的噪声刺激，听觉疲劳现象就无法消除，而且会变得越来越严重，导致人的内耳听觉器官发生器质性病变，发展成为不可治愈的噪声性耳聋，医学上称为“永久性听阈偏移”。

噪声性耳聋与噪声的强度及接触时间有关，噪声强度越大，耳聋的发病率就越高；对于同样强度的噪声，接触时间越长，耳聋的发病率也就越高。另外，噪声性耳聋还与噪声的频率有关，频率越高，内耳听觉器官越容易发生病变。在不同强度的噪声作用下，除听力减退以外，还会有耳鸣或耳疼的症状，甚至造成永久性的痛苦。

一般来说，115dB 以下的噪声致聋，都属于慢性噪声性耳聋。如果噪声高达 140dB 以上，一次刺激就会使人的内耳听觉器官发生急性外伤，耳鼓膜破裂出血以致双耳完全失听。

(2) 噪声引发多种疾病。对于人来说，引起某种疾病的原因常常是多方面的。长期受噪声影响，还可能会诱发一些疾病。

噪声作用于人的中枢神经系统时，会使人的大脑皮层的兴奋和抑制平衡失调，导致条件反射异常，脑血管张力受损等，这些生理变化，如果得不到及时的恢复，就会产生头疼头晕、失眠多梦、心悸恶心、全身乏力和记忆力衰退等症状。医学上称为神经衰弱症。同时，还会影响人的消化系统，引起肠胃机能阻滞，消化分泌异常，胃酸度降低，胃收缩减退，造成消化不良，食欲不振，胃功能紊乱等症状，从而导致胃病及胃溃疡的发病率增高。

噪声作用于人的植物神经系统时，可以产生末梢血管收缩现象。血管收缩时，心脏排血量减少、舒张压增高，因而会给心脏带来坏处。我国对城市噪音与居民健康的调查表明：地区的噪音每上升 1dB，高血压发病率就增加 3%。

2. 噪声对人体的心理影响

噪声使人烦躁、激动、易怒，甚至失去理智；容易使人疲劳，影响精力集中和工作效率；连续 40dB 噪声，10% 的人睡眠受影响；70dB 时，50% 的人受影响；66dB 时，距离 1.5m 交谈困难。

3. 噪声对妇女和儿童的影响

噪声对儿童危害更大。长期暴露于噪声中的儿童的血压比在安静环境中的儿童要高，智力发育略微迟缓。

接触强烈噪声的妇女，其妊娠呕吐的发生率和妊娠高血压综合征的发生率都更高，而且噪声使母体产生紧张反应，会引起子宫血管收缩，影响供给胎儿发育所必需的养料和氧气。

此外，噪声还会导致出生儿体重偏轻。

4. 噪声对生产活动的影响

在嘈杂的环境里，人的心情烦躁，容易疲劳，反应迟钝，工作效率下降，工伤事故增多。据统计，噪声会使劳动生产率降低 10%～50%，随着噪声的增加，差错率上升。

噪声还会掩蔽安全信号，如报警信号和车辆行驶信号等，以致造成事故。由于噪声会造成诸多不良影响，很多国家都作了相应的规定。我国也制订并公布了《工业企业噪声卫生标准》，对生产车间等工作地点噪声作了明确规定。

5. 噪声对动植物的影响

120～130dB 能引起动物听觉器官的病理性变化，130～150dB 能引起动物听觉器官的损伤和其他器官的病理性变化，150dB 以上能造成动物内脏器官发生损伤，甚至死亡。强噪声也会影响植物的生长，甚至使之死亡。

6. 噪声对物质结构的影响

高强度噪声会损害建筑物。1962 年，美国 3 架军用飞机以超声速低空掠过日本藤泽市，使该市许多民房玻璃被震碎，烟囱倒塌、日光灯掉下、商店货架上的物品被震落满地，造成很大损失。美国统计了 3000 件喷气飞机使建筑物受损的事件，其中抹灰开裂的占 43%，窗损坏的占 32%，墙开裂的占 15%，瓦损坏的占 6%。一块 0.6mm 的铝板，在 168dB 的无规则噪声作用下，只要 15min 就会断裂。150dB 以上的强噪声，可使墙震裂、门窗破坏，甚至使烟囱和旧建筑物发生坍塌，钢结构产生“声疲劳”而损坏，高精密度的仪表失灵。

7. 低频噪声对人类健康的危害

所谓低频噪声，是指频率在 500Hz 以下的声音。城市住宅区低频噪声源主要有 5 大类：电梯、变压器、高楼中的水泵、中央空调（包括冷却塔）及交通噪声等。

低频噪声与高频噪声不同，高频噪声随着距离增加或遭遇障碍物，能迅速衰减，如高频噪声的点声源，每 10m 距离就能下降 6dB。而低频噪声却递减得很慢，声波又较长，能轻易穿越障碍物，长距离奔袭和穿墙透壁直入人耳。现代城市中的低频噪声对人类健康有危害，尤其是对老人、孕妇和胎儿的危害最大。

但应该注意的是，声音对人类是必需的，绝对寂静无声对人体是有害的（甚至更大）。所以良好的声环境应该控制在 15～40dB。

四、环境噪声控制的国家标准

所谓声环境质量标准，是指为防治环境噪声污染、保护和改善生活环境、保障人体健康、促进经济和社会发展而规定的环境中声的最高允许数值。声环境质量标准体现了国家保护声环境的政策和要求，是衡量声环境是否受到污染的一个尺度，同时又是进行环境规划、环境管理的依据。

目前，比较重要的环境噪声国家质量标准有以下几个。

（一）《声环境质量标准（GB 3096—2008）》

该标准按照区域使用功能特点和环境质量的要求，将声环境功能区分为 5 种类型，对应不同的环境噪声限值要求（见表 7-2）。

表 7-2　《声环境质量标准》环境噪声限值　dB(A)

声环境功能区分类＼时段		昼间	夜间
0 类		50	40
1 类		55	45
2 类		60	50
3 类		65	55
4 类	4a 类	70	55
	4b 类	70	60

其中：

0 类声环境功能区，指康复疗养区等特别需要安静的区域；

1 类声环境功能区，指以居民住宅、医疗卫生、文化教育、科研设计、行政办公为主要功能，需要保持安静的区域；

2 类声环境功能区，指以商业金融、集市贸易为主要功能，或者居住、商业、工业混杂，需要维护住宅安静的区域；

3 类声环境功能区，指以工业生产、仓储物流为主要功能，需要防止工业噪声对周围环境产生严重影响的区域；

4 类声环境功能区，指交通干线两侧一定距离之内，需要防止交通噪声对周围环境产生严重影响的区域，又分为 4a 类和 4b 类两种，4a 类为高速公路、一级公路、二级公路、城市快速路、城市主干路、城市次干路、城市轨道交通（地面段）、内河航道两侧区域，

4b 类为铁路干线两侧区域。

（二）《工业企业厂界环境噪声排放标准》

此标准适用于工业企业噪声排放的管理、评价及控制，机关、事业单位、团体等对外环境排放噪声的单位也按此标准执行。它规定了工业企业和固定设备厂界环境噪声排放限值及其测量方法（见表 7-3）。

表 7-3　工业企业厂界环境噪声排放限值　dB(A)

时段 厂界外声环境功能区类别	昼间	夜间
0 类	50	40
1 类	55	45
2 类	60	50
3 类	65	55
4 类	70	55

另外，该标准对当固定设备排放的噪声通过建筑物结构传播至噪声敏感建筑物室内时，噪声敏感建筑物室内等效声级也规定了限值。

（三）《社会生活环境噪声排放标准（GB 22337—2008）》

该标准是根据现行法律对社会生活噪声污染源达标排放义务的规定，对营业性文化娱乐场所和商业经营活动中可能产生环境噪声污染的设备、设施规定了边界噪声排放限值和测量方法，适用于对营业性文化娱乐场所、商业经营活动中使用的向环境排放噪声的设备、设施的管理、评价与控制。该标准规定，社会生活噪声排放源边界噪声不得超过规定的排放限值。

（四）《建筑施工场地噪声限值（GB 12523—90）》

《建筑施工场地噪声限值》如表 7-4 所列。

表 7-4　《建筑施工场地噪声限值（GB 12523—90）》

施工阶段	主要噪声源	噪声限值	
		昼间	夜间
土石方	推土机、挖掘机、装载机等	75	55
打桩	各种打桩机等	85	禁止施工
结构	混凝土搅拌机、振捣棒、电锯等	70	55
装修	吊车、升降机等	65	55

（五）《铁路边界噪声（GB 12525—90）》

限值 70dB；
距铁路外侧轨道中心线 30m 处。

（六）《机动车辆噪声控制标准（GB 1495—79）》

轿车：82dB；
8～15t 载重汽车：89dB。
此外，还有《家用电器噪声限制标准》《通用机械设备噪声限制标准》等。

五、噪声控制

（一）噪声控制原理

一般噪声控制都是分为 3 部分来考虑的，即声源—传播途径—接收者。因此，噪声控制方法首先是降低声源本身的噪声，如果做不到，或能做到却又不经济，则考虑从传播途径中来降低噪声。如上述方案仍然达不到要求或不经济则可考虑接收者的个人防护方法。

1. 声源控制

声源控制是最根本最有效的措施。运转的机械设备和运输工具等是主要的噪声源，控制它们的噪声有两条途径：一是改进结构和工艺，提高其中部件的加工精度和装配质量，采用合理的操作方法等，以降低声源的噪声发射功率；二是利用声的吸收、反射、干涉等特性，采用吸声、隔声、减振和隔振等技术，以及安装消声器等，以控制声源的噪声辐射。

采用各种噪声声源控制方法，可以收到不同的降噪效果。如将机械传动部分的普通齿轮改为有弹性轴套的齿轮，可降低噪声 15～20dB；把铆接改成焊接，把锻打改成摩擦压力加工等，一般可降低噪声 30～40dB。图 7-1 所示为发电机房的声源采取隔声处理的方法进行噪声控制。

2. 传播途径控制

传播途径控制噪声主要措施如下。

（1）声在传播中的能量是随着距离的增加而衰减的，因此使噪声源远离需要安静的地方，可以达到降噪的目的。

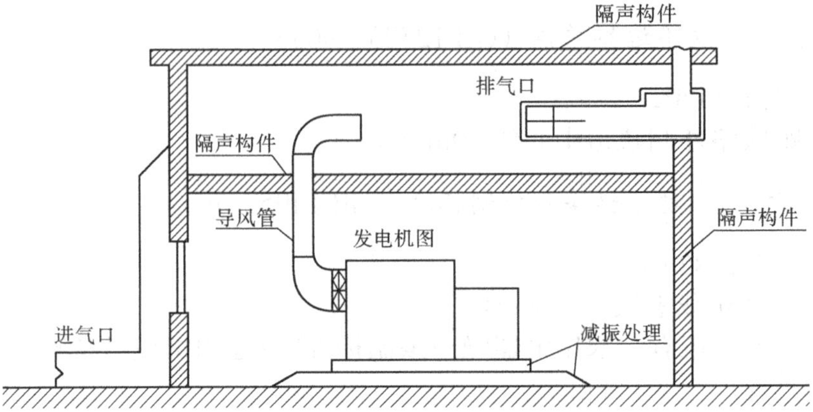

图 7-1　发电机房隔声处理示意图

（2）利用声源的指向性，减小污染范围。声的辐射一般有指向性，处在与声源距离相同而方向不同的地方，接收到的声强度也就不同。不过多数声源以低频辐射噪声时，指向性很差；随着频率的增加，指向性就增强。因此，控制噪声的传播方向（包括改变声源的发射方向）是降低噪声尤其是高频噪声的有效措施。

（3）城市规划、工厂设计、建筑布局。在城市建设中，采用合理的城市防噪声规划。

（4）建立隔声屏障，或利用天然屏障（土坡、山丘），以及利用其他隔声材料和隔声结构来阻挡噪声的传播。如声屏障、隔声操作间、机器罩等。

（5）应用吸声材料和吸声结构，将传播中的噪声声能转变为热能等。

（6）对于固体振动产生的噪声采取隔振措施，以减弱噪声的传播。如隔声、隔振、吸声、消声等。

3. 接收者的防护

为了防止噪声对人的危害，可采取下述防护措施。

（1）佩戴护耳设备，如耳塞、耳罩、防声盔等。

（2）减少在噪声环境中的暴露时间。

（3）根据听力检测结果，适当调整在噪声环境中的工作人员。

人的听觉灵敏度是有差别的。如在 85dB 的噪声环境中工作，有人会耳聋，有人则不会。可以每年或几年进行一次听力检测，把听力显著降低的人调离噪声环境。

（二）噪声控制技术简介

1. 吸　声

由于室内声源发出的声波将被墙面、顶棚、地面及其他物体表面多次反射，使得室内声源的噪声级比同样声源在露天的噪声级高。如果用吸声材料装饰在房间的内表面，或在室内悬挂空间吸声体，房间内的反射声就会被吸掉，房间内的噪声级就会降低，这种控制噪声的方法就是吸声。

吸声材料主要是多孔性和共振吸声结构材料。多孔性吸声材料对高频声效果较好，共振吸声结构对低频声有很好的效果。因此，在实际工程中二者常结合使用。工程上，实际效果约能降低噪声 5～8dB。如图 7-2 所示为吸音板吸声。

图 7-2　吸音板效果图

图 7-3　隔声间外观

2. 隔　声

隔声是噪声控制中最常用的技术之一。声波在空气中传播时，使声能在传播途径中受到阻挡而不能直接通过的措施，称为隔声。隔声的具体形式有隔声罩、隔声间和隔声屏等。图 7-3 所示为隔声间。隔声设施在室内、室外均可采用，如轻轨、公路等两侧，车间内部等。隔声结构多采用吸声材料、吸声结构等。

3. 消　声

主要用于空气动力性噪声的降低，如风机、空气压缩机、汽车排气管等气流管道的噪声降低，一般可降低 20～40dB。其主要装置就是消声器，它既能允许气流顺利通过，又能有效地阻止、减弱声能向外传播。消声器的种类非常多，有阻性消声器、抗性消声器、扩散消声器等，这里不一一列举。图 7-4 所示为排气管的消声器。值得指出的是，消声器只能降低空气动力性设备的气流噪声，而不能降低空气动力设备的机壳、管壁、电机等辐射噪声。

图 7-4　排气管消声器

图 7-5　隔振台

4. 隔　振

为了减少机器振动通过基础传给其他建筑物，通常的方法就是防止机械基础与其他结构的刚性连接，这种方法就叫基础隔振。常用的隔振材料和装置有钢弹簧、橡胶、软木、玻璃纤维板、毛毡类等，此外，空气弹簧、液体弹簧也开始应用。图7-5所示为隔振台。

5. 阻　尼

对于薄板类结构及其辐射噪声，如管道、机械外壳、船体、飞机外壳等，在其结构表面涂抹阻尼材料也能达到明显的减振降噪效果，这种振动控制方法称为阻尼减振。阻尼材料就是将固体机械振动能转变为热能而耗散的材料。

六、噪声控制的管理

在控制城市噪声污染方面，管理措施往往比技术手段更重要，控制人为的可控制排放源，能获得更加经济有效的控制效果。

我国城市环境噪声随经济发展有一个最高点，然后开始下降。我国 47 个城市白天平均约为 60dB，以上海、成都和兰州最严重。噪声的投诉率 1979 年为 29.7%；1981 年为 44.8%；1981 年之后，一直保持在 50%左右。

城市环境噪声的控制，可以采取下列主要措施。

（1）在城市市区范围内行驶的机动车辆的消声器和喇叭必须符合国家规定的要求。

(2) 机动车辆必须加强维修和保养，保持技术性能良好，防止环境噪声污染。禁止制造、销售或者进口超过规定噪声限值的汽车。

(3) 敏感建筑物集中区域的高速公路和城市高架、轻轨道路，可能造成环境噪声污染的，应当设置声屏障或者采取其他有效的控制环境噪声污染的措施。

(4) 民航部门应当采取有效措施，减轻环境噪声污染。

(5) 建筑施工噪声是影响城市声环境质量的重要因素，成为群众环境投诉的热点问题。因此，强化管理，发挥管理的效能，将噪声污染的影响降低到最小限度，是当前较为客观的选择。

第二节　其他物理污染及其防治

一、电磁污染及其防治

(一) 电磁辐射

地球本身就是一个大磁场，人类就生活在地球上，电磁辐射无时无处不在。电磁辐射并没有想象中的那么可怕。从某种意义上说，如果人的生存环境完全摆脱了电场、磁场，那么人类将无法适应。只有当电磁辐射超过一定的限度时，才会对人的身体产生不良影响。

人类对电磁的利用始于 1831 年英国科学家法拉第发现电磁感应现象。时至今日，电磁辐射已经深入到人类生产、生活的各个方面。电磁辐射的大规模应用，也带来了严重的电磁污染。

(二) 电磁污染

当电磁辐射强度超过人体所能承受的或仪器设备所能容许的限度时，即产生了电磁污染。环境科学家预言，21 世纪电磁污染将代替噪声污染成为影响最严重的物理污染。联合国人类环境会议已将电磁污染列为环境保护项目之一。

(三) 电磁辐射的来源

电磁辐射来源可分为天然辐射源与人为辐射源两种。

天然电磁辐射是由大气中的某些自然现象引起的，如大气中由于电荷的积累而产生的放电现象；也可以是来自太阳辐射和宇宙的电磁场源。这种电磁污染除对人体、财产等产生直接的破坏外，还会在广大范围内产生严重的电磁干扰，尤其是对短波通讯的干扰最为严重。

人为源电磁辐射是指人工制造的各种系统、电气和电子设备产生的电磁辐射。人为源按频率的不同可分为工频场源与射频场源。

工频场源主要指大功率输电线路产生的电磁污染，如大功率电机、变压器、输电线路等产生的电磁场，也包括放电型污染源如静电除尘器等，这些设备产生的电磁场，不是以电磁波形式向外辐射，主要是对近场区产生电磁干扰。

射频场源主要是指无线电、电视和各种射频设备（如高频加热设备、微波干燥机和理疗机等）在工作过程中所产生的电磁辐射和电磁感应，这些人工辐射源频率范围宽，影响区域大，对近场工作人员危害也较大，因此已成为电磁污染环境的主要因素。

另外家用电器包括电热毯、手机、电脑、电视机、微波炉、电磁灶等的使用也会引起不同频段的电磁辐射（见表 7-5）。

表 7-5　部分家电磁场数据　mG（安全限制 2mG）

电器产品	3cm 距离	30cm 距离	1m 距离
电　视	25～500	0.4～20	0.1～1.5
微波炉	750～2000	40～80	2.5～6
电吹风	60～2000	0.1～70	0.1～3
冰　箱	5～17	0.1～2.5	<0.1
剃须刀	150～15000	0.8～90	0.1～3
洗衣机	8～500	1.5～30	0.1～1.5
吸尘器	2000～8000	20～200	1.3～20
台　灯	400～4000	5～20	0.2～2.5
台式电脑	5～300	0.1	
电　炉	10～500	1.5～5	0.1～0.4
电熨斗	80～300	1.2～3	0.1～0.3

（四）电磁辐射污染的危害

电磁辐射污染的危害取决于辐射源的强度、与辐射源之间的距离和受辐射的时间长短三大要素。

1. 电磁辐射对人体的危害

电磁辐射是心血管疾病、糖尿病、癌突变的主要诱因。

电磁辐射会对人体生殖系统、神经系统和免疫系统造成直接伤害。损害中枢神经系统，头部长期受电磁辐射影响后，轻则引起失眠多梦、头痛头昏、疲劳无力、记忆力减退、易怒、抑郁等神经衰弱症，重则使大脑皮层细胞活动能力减弱，并造成脑损伤。

电磁辐射是造成孕妇流产、不育、畸胎等病变的诱发因素。电磁辐射对人体的危害是多方面的，女性和胎儿尤其容易受到伤害。调查表明：1～3个月为胚胎期，受到强电磁辐射可能造成肢体缺陷或畸形；4～5个月为胎儿成长期，受电磁辐射可导致免疫力功能低下，出生后身体弱，抵抗力差。

过量的电磁辐射直接影响儿童组织发育、骨骼发育，导致视力下降；肝脏造血功能下降，严重的可导致视网膜脱落。伤害眼睛功率密度与形成白内障的时间的阈值曲线不是直线，在每一个频率上照射兔眼似乎都需要一个微波功率密度阈值，低于这个曲线，即使连续照射也不会产生眼损伤。在500MHz以上，白内障形成的最小功率密度约150 mW/cm^2，低于500MHz的频率引起眼损害的可能性也不能完全排除。

电磁辐射可使男性性功能下降，女性内分泌紊乱、月经失调。

2. 电磁辐射产生电磁干扰

电磁辐射会造成导航系统、医疗信息系统、工业过程控制和信息传递系统失控。如因手机的电磁波干扰航空电子装置引发飞机事故，故飞机上严禁使用移动通信设备。此外，电磁辐射还会干扰航海安全，导致交通指挥灯的失控、电子计算机的差错、自动化工厂操作的失灵等。

3. 电磁辐射引起爆炸

电磁辐射会引燃引爆，特别是高场强作用下引起火花而导致可燃性油类、气体和武器弹药的燃烧与爆炸事故。

（五）电磁辐射污染的防治

根据电磁污染的特点，必须采取防重于治的策略。首先是要减少和控制污染源，使辐射量在规定的限值内，其次是要采取相应的防护措施，保障职业人员和公众的人身安全。

1. 执行电磁辐射安全标准

应定期进行监测，发现电磁场强度超过标准的要尽快采取措施。

2. 防护措施

为了减少电子设备的电磁泄漏，防止电磁辐射污染环境，危害人体健康，必须从城市规划、产品设计、电磁屏蔽和吸收等角度着手，采取标本兼治的方案防护和治理电磁污染。

(1) 电磁屏将电磁辐射限制在一定空间，包括对辐射源的屏蔽和工作空间的屏蔽。

(2) 电磁吸收：主要是针对微波，采用能量吸收材料进行防护是一项有效的办法。如各种塑料、橡胶胶木、陶瓷等加入铁粉、石墨、水等都是较好的吸收材料。

(3) 个体防护：对个人而言，可穿戴防护头盔、防护眼镜、防护服装等。

(4) 植树绿化：森林、花木可衰减辐射场强，保护人体健康。

3. 加强宣传教育，提高公众认识

鉴于当前电磁辐射对人体健康的危害日益严重，特别是这种看不见、摸不着、闻不到的危害不易为人们察觉，往往会被忽视。因此，广泛开展宣传教育，唤起人们防护意识已成为当务之急。

二、放射性辐射污染及其防治

(一) 放射性辐射

1896年，法国物理学家贝克勒尔在研究铀盐的实验中，首先发现了铀原子核的天然放射性。放射性是指某些核素的原子核具有的自发放出带电粒子流或γ射线，或在俘获轨道电子后放出X射线或自发裂变的特性。

在自然界和人工生产的元素中，有一些能自动发生衰变，并放射出肉眼看不见的射线。这些元素统称为放射性元素或放射性物质。天然放射性物质在自然界中分布很广，它存在于宇宙射线、矿石、土壤、天然水、大气及动植物的所有组织中。

在自然状态下，来自宇宙的射线和地球环境本身的放射性元素一般不会给生物带来危害。20世纪50年代以来，由于核武器的频繁试验，核能工业的不断发展、供医疗诊断用的电离辐射源的增加，人的活动使得人工辐射源和人工放射性物质大大增加，环境中的射线强度随之增强，危及生物的生存，从而产生了放射性污染。放射性污染很难消除，射线强度只能随时间的推移而衰减。放射性已成为国际社会关注的污染问题。

（二）放射性污染辐射的特点

（1）放射性物质一旦产生和扩散到环境中，就不断对周围发出放射线，永不停止。其半衰期减少到一半所需的时间从几分钟到几千年不等。

（2）自然条件的阳光、温度无法改变放射性核同位素的放射性活度，人们也无法用任何化学或物理手段使放射性核同位素失去放射性。

（3）放射性污染对人类作用有累积性。

（4）放射性污染既不像化学污染那样多数有气味或颜色，也不像噪声振动、热、光等污染，公众可以直接感知其存在，放射性污染的辐射，哪怕强到直接致死的水平，人类的感官对它都没有任何直接感受，从而采取躲避防范行动，只能继续受害。

（三）放射性辐射的来源

1. 核武器试验的沉降物

这些放射性物质主要是铀钚的裂变产物，核试验造成的全球性污染要比核工业造成的污染严重得多。

此外，核电站的事故放射性逸出，性质与核试验相近，也会给地面带来散落物，如 1979 年 3 月，美国位于宾夕法尼亚州三里岛上的一座核电站发生了迄今最严重的技术事故，所逸出的放射性散落物相当于一次大规模核试验。据记录，离核电站 4km 处的放射性物质之量超过正常量的 15 倍。

2. 核燃料循环的“三废”排放

目前全球正在运行的核电站有 400 多座，还有几百座正在建设之中。核电站排入环境中的废水、废气、废渣等均具有较强的放射性，会造成对环境的严重污染。核燃料循环的各个阶段均会产生“三废”，这会给周围环境带来一定程度的污染，其中最主要的是对水体的污染。

3. 核工业

核工业的废水、废气、废渣的排放是造成环境放射性污染的重要原因。此外铀矿开采过程中的氡和氡的衍生物以及放射性粉尘造成对周围大气的污染，放射性矿井水造成水质的污染，废矿渣和尾矿造成了固体废物的污染。

4. 人工放射性核素的应用

人工放射性同位素的应用非常广泛。在医疗上，常用“放射治疗”杀死癌细胞；有时也采用各种方式有控制地注入人体，作为临床上诊断或治疗的手段；工业上可用于金属探伤；农业上用于育种、保鲜等，以及一般居民消费用品，包括含有天然或人工放射性核素的产品。但如果使用不当或保管不善，也会造成对人体的危害和对环境的污染。如因运输事故、遗失、偷窃、误用，以及废物处理等失去控制而造成的放射性辐射污染。

5. 居室的氡气污染

随着人们对居室美化装修的重视，花岗岩等石材由于质地坚硬、豪华美观受到大多数人的喜爱，居室污染也在加剧。天然石材中含有镭 226、钍 232、钾 40 等放射性元素，它们在衰变过程中，钍衰变成镭，镭衰变成氡，最终产生氡气。

氡气是一种放射性惰性气体，没有颜色也没有任何气味，比重是空气的 7.5 倍，且不可挥发，因此室内的氡气不会随时间的推移而减少。

（四）放射性辐射的危害和影响

含放射性元素的物质通过空气、饮食等途径进入人体，以体内或体外照射方式危害人体健康。

人体受放射性危害，轻者头晕、疲乏、脱发、红斑、白血球减少或增多、血小板减少；而大剂量照射，还会引起白血病及骨、肺、甲状腺癌变甚至死亡，放射性还能引起基因突变和染色体畸变。不同射线对人的危害也有差别，如 σ 粒子的放射性物质将引起所接触到的组织的高深度放射性危害；而 γ 射线主要是外部辐射引起危害；β 射线穿透能力介于两者之间，既能引起外部辐射性烧灼和皮肤恶化，又能透过外层组织引起体内放射性损伤。

1986 年 4 月 26 号，位于前苏联的切尔诺贝利核电站 4 号反应堆因操作人员违反操作规程发生严重爆炸，造成 31 人当场死亡，200 多人受到严重的放射性辐射，成为人类利用核能史上的一大悲剧。它给核电蒙上的阴影，至今还没有消除（见图 7-6）。

（五）放射性辐射的防治

为了减少放射性污染的危害，必须从 3 方面着手。

1. 强化管理

为防止放射性物质向环境释放，保证公众和环境的长期安全，

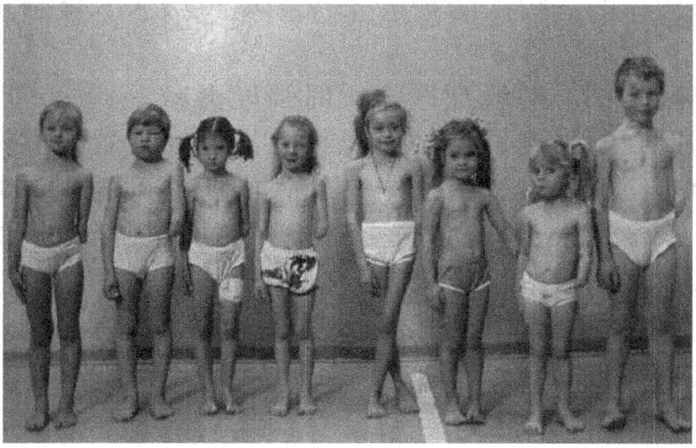

图 7-6　放射性辐射污染的"牺牲品"

必须对废物从产生到最终处置依据有关法律、法规、标准等进行全过程的控制和管理。并强化"源头管理"和"分类管理"的原则。

2. 做好放射性废物的处理与处置

根据放射性只能依赖自身衰变而减弱直至消失的固有特点，对高放及中低放长寿命的放射性废物应采用浓缩、贮存和固化的方法进行处理；对于中低放短寿命废物，则应净化处理或滞留一段时间，待其减弱到一定水平再排放。

3. 做好辐射防护

辐射防护的三要素是距离、时间和屏蔽，俗称为辐射防护的三大方法，其原理如下。

（1）时间防护。在辐射场内的人员所受照射的累积剂量与时间成正比，因此，在照射率不变的情况下，缩短照射时间便可减少所接受的剂量，或者人们在限定的时间内工作，就可能使他们所受到的射线剂量在最高允许剂量以下，确保人身安全（仅在非常情况下采用此法），从而达到防护目的。时间防护的要点是尽量减少人体与射线的接触时间（缩短人体受照射的时间）。

（2）距离防护。距离防护是外部辐射防护的一种有效方法，采用距离防护的射线基本原理是首先将辐射源作为点源的情况下，辐射场中某点的照射量、吸收剂量均与该点源的距离的平方成反比，即辐射强度随距离的平方成反比变化（在源辐射强度一定的情况下，剂量率或照射量与离源的距离平方成反比）。增加射线源与人体之间的距离便可减少剂量率或照射量，或者说在一定距离以外工作，使人们所受到的射线剂量在最高允许剂量以下，就能保证人身安全。

从而达到防护目的。距离防护的要点是尽量增大人体与射线源的距离。

（3）屏蔽防护。射线穿透物质时强度会减弱，一定厚度的屏蔽物质能减弱射线的强度，在辐射源与人体之间设置足够厚的屏蔽物（屏蔽材料），便可降低辐射水平，使人们所受到的剂量降低最高允许剂量以下，确保人身安全，达到防护目的。屏蔽防护的要点是在射线源与人体之间放置一种能有效吸收射线的屏蔽材料。例如，对于X射线常用的屏蔽材料是铅板和混凝土墙，或者是钡水泥（添加有硫酸钡（也称重晶石）粉末的水泥）墙。

三、光污染及其防治

（一）光污染

光污染是指光辐射过量而对生活、生产环境以及人体健康产生的不良影响。它主要来源于人类生存环境中日光、灯光以及各种反射、折射光源造成的各种过量和不协调的光辐射。

国际上一般光污染可分成3类，即白亮污染、人工白昼污染和彩光污染。

1. 白亮污染

白天阳光照射强烈时，城市里建筑物的玻璃幕墙、釉面砖墙、磨光大理石和各种涂料等装饰反射光线，明晃白亮，炫眼夺目，即白亮污染。现代城市中，宾馆、饭店、写字楼等建筑物常使用玻璃、釉面砖、铝合金、磨光大理石等来装饰外墙，在太阳光的强烈照射下，这些装饰材料的反射光线明晃白亮、眩眼夺目，反射强度比一般的绿地、森林和深色装饰材料大10倍左右，大大超过了人体所能承受的范围，使人宛如生活在镜子世界中，分不清东南西北。

夏天，玻璃幕墙强烈的反射光进入附近居民楼房内，增加了室内温度，影响正常的生活。有些玻璃幕墙是半圆形的，反射光汇聚还容易引起火灾。烈日下驾车行驶的司机会出其不意地遭到玻璃幕墙反射光的突然袭击，眼睛受到强烈刺激，很容易诱发车祸。

2. 人工白昼污染

夜幕降临后，商场、酒店上的广告灯、霓虹灯闪烁夺目，令人眼花缭乱。有些强光束甚至直冲云霄，使得夜晚如同白昼一样。

3. 彩光污染

舞厅、夜总会安装的黑光灯、旋转灯、荧光灯以及闪烁的彩色光源构成了彩光污染。

（二）光污染的危害

1. 对人体的影响

光污染可对人眼的角膜和虹膜造成伤害，抑制视网膜感光细胞功能的发挥，引起视疲劳和视力下降。

长时间的强光还会干扰大脑中枢神经，导致神经衰弱，使人头昏心烦，失眠，食欲、性欲低下，身体乏力等。

彩光污染对健康也存在潜在威胁。彩光污染不仅对眼睛不利，而且会干扰大脑中枢神经，人们会出现恶心、呕吐、失眠、注意力不集中等问题，甚至还会影响心理健康。据测定，歌舞厅中的黑光灯、旋转灯、荧光灯等能产生强烈的紫外线，如果长期受其照射，会诱发流鼻血、脱牙、白内障、血压升高，甚至导致白血病和其他癌变。

2. 对动植物影响

人工白昼还可伤害昆虫和鸟类、因为强光可破坏夜间活动昆虫的正常繁殖过程。同时，昆虫和鸟类可被强光周围的高温烧死。

光污染还会破坏植物体内的生物钟节律，有碍其生长，导致其茎或叶变色，甚至枯死；对植物花芽的形成造成影响，并会影响植物休眠和冬芽的形成。

3. 其他影响。

人工白昼还影响正常的天文观测，浪费了大量的电力资源，易引发火灾等。

（三）光污染的防治

光污染很难像其他环境污染那样通过分解、转化和稀释等方式消除或减轻，因此，其防治应以预防为主。

（1）城市规划与管理，以减少光污染的来源。

（2）加强宣传和教育和立法、监控与管理。

（3）在技术治理方面，可采取以下技术措施：

① 尽量不用大面积的玻璃幕墙采光，减少污染源；

② 多建绿地，扩大绿地面积，实施绿化工程，改平面绿化为立体绿化，大力植树种草，将反射光改为漫反射，从而达到防治光污染的目的；

③ 限定夜景照明时间，改造已有照明装置；

④ 采用新型照明技术，采用节能效果好的照明器材；

⑤ 灯光照明设计时，合理选择光源、灯具和布灯方案，尽量使用光束发散较小的灯具，并在灯具上采取加遮光罩或隔片的措施，将防治光污染的规定、措施和技术指标落实到工程上，严格限制光污染的产生。

四、热污染及其防治

（一）热污染

随着科技和工农业生产的迅速发展，热污染已成为一个日益严重的社会问题。热污染是指日益现代化的工业生产和现代化生活中排放出的大量废热所造成的环境污染。

热污染主要来自能源消费。发电、冶金、化工和其他的工业生产，通过燃料燃烧和化学反应等过程产生的热量，一部分转化为产品形式，一部分以废热形式直接排放到环境中。转化为产品形式的热量，最终也通过不同的途径释放到环境中。以火力发电为例：在燃料燃烧的能量中，40%转化为电能，12%随烟气排放，48%随冷却水进入到水体中。在核电站，能耗的33%转化为电能，其余的67%均变为废热转入水中。在工业发达的美国，每天所排放的冷却用水达4.5亿 m^3，接近全国用水量的1/3；废热水含热量约10500亿kJ，足够2.5亿 m^3 的水温升高10℃。

常见的热污染有大气热污染和水体热污染。

（二）热污染危害

（1）因城市地区人口集中，建筑群、街道等代替了地面的天然覆盖层，工业生产排放热量，大量机动车行驶，大量空调排放热量而形成城市气温高于郊区农村的热岛效应。

（2）大气中的含热量增加，还可影响到地球气候变化。按照大气热力学原理，现代社会生活中的其他能量都可转化为热能，使地表面反射太阳热能的反射率增高，吸收太阳辐射热减少，促使地表面上升的气流相应减弱，阻碍水汽的凝结和云雨的形成，导致局部地区干旱少雨，影响农作物生长，导致歉收。气候变化将引起海水热膨胀和极地冰川融化，海平面上升，加快生物物种灭绝。

（3）因热电厂、核电站、炼钢厂等冷却水所造成的水体温度升高，使溶解氧减少，某些毒物毒性提高，鱼类不能繁殖或死亡，某些细菌繁殖，破坏水生生态环境进而引起水质恶化。

（4）热污染还对人体健康产生了许多危害。它全面降低了人体机理的正常免疫功能，包括致病病毒或细菌对抗菌素越来越强的耐药性以及生态系统的变化降低了肌体对疾病的抵抗力，从而加剧各种新、老传染病大流行。温度上升为蚊子、苍蝇、蟑螂、跳蚤和其他传病昆虫以及病原体微生物等提供了最佳的滋生繁衍条件和传播机制，形成一种新的“互感连锁效应”，导致疟疾、登革热、血吸虫病、恙虫病、流行性脑膜炎等病毒病原体疾病的扩大流行和反复流行。特别是以蚊子为媒介的传染病，目前已呈急剧增长趋势。

（三）热污染的防治

（1）健全热污染控制标准、法律和法规。目前，我国仅对水体热污染有部分规定，而有关大气热污染的法律几乎为空白。应尽快建立健全相关控制法律体系。

（2）废热的综合利用。充分利用工业的余热，是减少热污染的最主要措施。生产过程中产生的余热种类繁多，有高温烟气余热、高温产品余热、冷却介质余热和废气废水余热等。这些余热都是可以利用的二次能源。我国每年可利用的工业余热相当于5000万t标煤的发热量。在冶金、发电、化工、建材等行业，可以通过热交换器利用余热来预热空气、原燃料、干燥产品、生产蒸汽、供应热水等。此外还可以调节水田水温，调节港口水温以防止冻结。

冷却介质余热的利用方面主要是电厂和水泥厂等冷却水的循环使用，改进冷却方式，减少冷却水排放。

对于压力高、温度高的废气，要通过气轮机等动力机械直接将热能转为机械能。

（3）加强隔热保温，防止热损失。在工业生产中，有些窑体要加强保温、隔热措施，以降低热损失，如水泥窑筒体用硅酸铝毡、珍珠岩等高效保温材料，既减少热散失，又降低水泥熟料热耗。

（4）寻找新能源。利用水能、风能、地能、潮汐能和太阳能等新能源，既解决了污染物排放问题，又是防止和减少热污染的重要途径。特别是在太阳能的利用上，各国都投入了大量人力和物力进行研究，取得了一定的效果。

第八章　环境影响评价和环境管理

第一节　环境监测

一、环境监测概述

随着世界各国经济的增长，自然界储存的资源，如煤、石油等各种矿藏被广泛地开发和利用。由于人口密集的大城市和工矿区的建立，使大量化学物质进入环境，超出了大自然的自净能力，在环境中不断积累，产生了危及人类生存的公害。要寻求环境质量变化的原因，必须先从污染物的性质、来源、含量及其分布状态的分析开始。于是环境分析化学就成为环境科学的先驱，在环境分析中发挥了积极作用。环境分析化学是以基本化学物质为单位，以对物质进行定性、定量分析为基础，从而对影响环境质量的原因进行研究的一门科学。

环境科学的发展首先要求判断环境质量，或判断环境是否已被污染破坏及其污染破坏的程度。由于环境中各种污染物之间、污染物与其他物质以及其他因素之间存在着相加或拮抗作用，所以，仅对单个污染物短时间的取样分析是不够的，必须取得代表环境质量的各种数据。即需要得到各种污染因素在一定范围内的时、空分布数据，才能对环境质量作出确切的评价。这项任务单靠环境分析化学一种方法是难以完成的，必须与先进的物理或物理化学及生物的各种方法相结合才能完成。所以说环境监测是在环境分析化学的基础上发展起来的。

环境监测是以环境为对象，运用物理的、化学的和生物的技术手段，对其中的污染物及其有关的组成成分进行定性、定量和系统的综合分析，以探索研究环境质量的变化规律。环境监测是测定代表环境质量的各种标志数据的过程，是用科学的方法监视和检测代表环境质量和变化趋势的各种数据的全过程。监测的含义逐步由工业污染源监测发展到大环境的监测，即监测的对象不仅仅是污染物、污染因子，还延伸到环境行为，如环境生物、生态监测等。

二、环境监测在环境保护中的作用

环境科学研究的中心问题，是人与环境之间在进行物质和能量交换活动中所产生的影响。而这些研究都是在定性、定量化的基础上进行的，因此环境监测是环境科学研究的重要手段之一。从人类环境和环境科学研究这一意义来说，人类活动影响了自然环境，而自然环境反过来又作用于人类。为了生存并追求美好的生存环境，人类从环境调查着手，通过环境监测，积累大量的长期监测数据，查出污染的来源，摸清污染物在传输过程中的分布和变化的规律性；通过开展模拟研究，建立模式，对环境污染的趋势作出预测预报；通过准确地评价环境质量，并在此基础上提出或确定控制环境污染的对策。这样往复进行，逐步地改善环境。这一系列活动构成了环境科学的一个研究体系。环境监测是这个体系中的一个重要环节。

环境监测是整个环境保护工作和环境科学研究的基础。制定国家和各级地方政府的环境政策、法律、环境管理规定和环境质量标准，必须要以环境监测获得的各类数据为科学依据。环境监测还可作为执行环境保护法的技术仲裁，为环境管理的决策、环境规划、排污收费、环境指标考核、环境工程验收服务，发挥其监督职能。

环境监测还与社会科学发生密切联系。一方面，环境监测获得的数据用以制订或修改各类环境质量标准，纳入国家或地区的环保法规；另一方面，依法监测，可作为执行环保法规的技术仲裁。

由此可见，环境监测对环境科学研究和环境保护是十分重要的，通过对环境的监测能够准确、及时、全面地反映环境质量现状及发展趋势，为环境管理、污染源控制、环境规划等提供科学依据。

环境监测的目的具体可归纳为以下几点。

（1）根据环境质量标准，评价环境质量。

（2）根据污染分布情况，追踪寻找污染源，为实施监督管理、控制污染提供依据。

（3）收集本底数据，积累长期监测资料，为研究环境容量、实施总量控制、目标管理、预测预报环境质量提供数据。

（4）为保护人类健康、保护环境、合理使用自然资源、制订环境法规、标准、规划等服务。

三、环境监测的分类

环境监测可按其监测目的或监测介质对象进行分类，也可按专门部门进行分类，如气象监测、卫生监测和资源监测等。

（一）按监测目的划分

1. 监视性监测

监视性监测又称为例行监测或常规监测，是对指定的有关项目进行定期的、长时间的监测，以确定环境质量及污染源状况、评价控制措施的效果、衡量环境标准实施情况和环境保护工作的进展。这是监测工作中量最大、面最广的工作。

监视性监测包括对污染源的监督监测（污染物浓度、排放总量、污染趋势等）和环境质量监测（所在地区的空气、水质、噪声、固体废物等监督监测）。

2. 特定的监测

特定的监测又称为物例或应急监测。根据特定的目的，可分为以下 5 种。

（1）污染事故监测。在发生污染事故时进行应急监测，以确定污染物扩散方向、速度和危及范围，为控制污染提供依据。这类监测常采用流动监测（车、船等）、简易监测、低空航测、遥感等手段。

（2）仲裁监测。主要针对污染事故纠纷、环境法执行过程中所产生的矛盾进行监测。仲裁监测应由国家指定的权威部门进行，以提供具有法律责任的数据（公正数据），供执行部门、司法部门仲裁。

（3）考核验证监测。包括人员考核、方法验证和污染治理项目竣工时的验收监测。

（4）咨询服务监测。为政府部门、科研机构、生产单位所提供的服务性监测。例如建设新企业应进行环境影响评价，需要按评价要求进行监测。

（5）研究性监测。又称科研监测，是针对特定目的科学研究而进行的高层次的监测。例如环境本底的监测及研究；有毒有害物质对从业人员的影响研究；为监测工作本身服务的科研工作的监测如统一方法、标准分析方法的研究标准物质研制等。这类研究往往要求多学科合作进行。

（二）按监测介质对象划分

可分为水质监测、空气监测、土壤监测、固体废物监测、生物监测、噪声和振动监测、电磁辐射监测、放射性监测、热监测、光监测、卫生（病原体、病毒、寄生虫等）监测等。

（1）水质监测内容包括：①温度；②pH 值；③浑浊度；④电导率；⑤悬浮固体；⑥溶解氧；⑦生化需氧量；⑧化学需氧量；⑨总氧、总磷；⑩有机毒物、金属毒物、大肠菌群、水文、水生生物种类与数量等。

（2）大气监测内容包括：①灰尘（降尘或飘尘）；②二氧化硫；③碳氢化合物；④一氧化碳；⑤氢氧化合物；⑥臭氧；⑦特殊地区的特殊项目，如有毒气体及放射性元素等；⑧气象要素（如风向、风速、气温、气压、雨量、相对湿度等）；⑨与光化学烟雾形成有关的太阳辐射、能见度等。

（3）地质监测内容包括：①有机碳；②砷（As）；③汞（Hg）；④铜（Cu）；⑤锌（Zn）；⑥铅（Pb）；⑦镍（Ni）；⑧镉（Cd）；⑨铬（Cr）；⑩总氮、总磷。

（4）土壤和植物监测内容包括：①有毒金属化合物；②非金属无机物；③有机化合物。

（5）国家规定必须监测的内容：大气中二氧化硫、氮氧化合物、飘尘、降尘。地面水 pH 值、悬浮物、总硬度、溶解氧、生化需氧物、氨态氮、亚硝态氮、氰化物、酚、砷、汞、铬。地下水总硬度、总矿化度、硝态氮、亚硝态氮、氯化物、氰化物、酚、砷、汞。

四、环境监测过程

从环境监测的过程来说，它应包括：现场调查—布点—样品采集—样品运送、保存及处理—分析测试—数据处理—质量保证与综合评价等一系列过程。具体过程如下。

首先根据监测目的要求，进行监测范围内现场调查；

根据监测目的要求和现场调查资料，研究确定监测项目、采样点的数目和具体位置，调配采样人员和运输车辆；

在确定的采样时间和频率内采集样品并及时送往实验室；

按规定的分析方法进行样品分析；将分析数据进行处理和统计检验，并依据规定的有关标准进行综合评价，写出监测报告。

环境监测由多个环节组成，只有把各个环节都做好了，才能获得代表环境质量的各种标志的数据，才能反映真实的环境质量。相反，无论哪一个环节出现问题，都不可能取得代表环境质量的正确数据。环境监测数据的准确性、精密性、完整性、代表性和可比性，取决于环境监测过程中最薄弱的环节。在不能保证各个环节都做好的前提下，过分强调某一环节的作用是毫无意义的。

从当今信息技术的发展来看，环境监测是环境信息的捕获—传递—解析—综合的过程。只有对环境信息的解析和综合，才能揭示环境监测的内涵，直接为环境管理、环境保护服务。

五、环境监测技术

监测技术包括采样技术、测试技术和数据处理技术。这里以污染物的测试技术为重点作以概述。

（一）环境监测中的化学、物理技术

目前，对环境样品中污染物的成分分析及其状态与结构的分析多采用化学分析方法和仪器分析方法。仪器分析是以物理和物理化学方法为基础的分析方法。当前，仪器分析方法被广泛用于环境物进行定性和定量的测量。如分光光度法常用于大部分金属、无机非金属的测定；气相色谱法常用于有机物的测定；对于污染物状态和结构的分析常用紫外光谱、红外光谱、质谱及核磁共振等技术。

（二）环境监测中的生物技术

在生态学中已经介绍过生物监测技术，它是利用植物和动物在污染环境中所产生的各种反映信息来判断环境质量的方法，这是一种最直接的方法，也是一种综合的方法。

生物监测包括生物体内污染物含量的测定；观察生物在环境中受伤害症状；以生物的生理生化反应，生物群落结构和种类变化等手段来判断环境质量。例如：利用某些对特定污染物敏感的植物或动物（指示生物）在环境中受伤害的症状，可以对空气或水的污染作出定性和定量的判断。

（三）环境监测技术的发展

目前监测技术的发展较快，许多新技术在监测过程中已得到应用。如利用遥测技术对整条河流的污染分布情况进行监测，是以往监测方法很难完成的。

对于区域甚至全球范围的监测和管理，其监测网络及点位的研究、监测分析方法的标准化、连续自动监测系统、数据传送和处理的计算机化的研究、应用也发展很快。

在发展大型、自动、连续监测系统的同时，研究小型便携式、简易快速的监测技术也十分重要。例如，在污染突发事故的现场，可能瞬时造成很大的伤害，但由于空气扩散和水体流动，污染物浓度的变化十分迅速，这时大型仪器无法使用，而便携式和快速测定技术就显得十分重要，在野外也同样如此。

六、环境监测的特点

环境监测就其对象、手段、时间和空间的多变性、污染组分的复杂性等，其特点可归纳为以下几个方面。

（一）环境监测的综合性

环境监测的综合性表现在以下几个方面。

监测手段包括化学、物理、生物、物理化学、生物化学及生物物理等一切可以表征环境质量的方法。

监测对象包括空气、气体（江、河、湖、海及地下水）、土壤、固体废物、生物等客体，只有对这些客体进行综合分析，才能确切描述环境质量状况。

对监测数据进统计处理、综合分析时，需涉及该地区的自然和社会各个方面情况，因此，必须综合考虑才能正确阐明数据的内涵。

（二）环境监测的连续性

由于环境污染具有时空性等特点，因此，只有坚持长期测定，才能从大量的数据中揭示其变化规律，预测其变化趋势，数据越多，预测的准确度就越高。因此，监测网络、监测点位的选择一定要有科学性，而且一旦监测点位的代表性得到确认，必须长期坚持监测。

（三）环境监测的追踪性

环境监测包括监测目的的确定、监测计划的制订、采样、样品运送和保存、实验室测定到数据整理等过程，是一个复杂而又有联系的系统，任何一步的差错都将影响最终数据的质量。特别是区域性的大型监测，由于参加人员众多、实验室和仪器的不同，必然会发生技术和管理水平不同。为使监测结果具有一定的准确性，并使数据具有可比性、代表性和完整性。需有一个量值追踪体系予以监督。为此，需要建立环境监测的质量保证体系。

第二节　环境质量和影响评价

一、环境质量评价

（一）环境质量

环境质量是指环境的内在结构和外部表现的状态对人类及生物界的生存和繁衍的适宜性。简而言之，环境质量就是环境素质好坏的表征。

如城市环境质量和各环境要素的质量，如大气环境质量、水环境质量、土壤环境质量、生态环境质量。

（二）环境标准

1. 环境标准

表征环境质量优劣或变化趋势常采用一组参数，称为环境质量参数。为保护人体健康和生物的生存环境，对污染物（或有害因素）的含量做出限制性规定，或者根据不同的用途和适宜性，将环境质量分为不同的等级，并规定其污染物含量限值或某些环境参数的要求，这就构成了环境标准。

2. 环境质量标准的类型

多以环境要素的类型来划分，主要包括：大气质量标准、水质质量标准、环境噪声及土壤、生态质量标准等。

3. 中国环境标准的分级分类

中国环境标准分为 6 类，分别是：环境质量标准、污染物排放标准、环境方法标准、环境基础标准、环境标准物质标准和环境其他标准。级别分为国家级、地方级、行业级 3 级。

例如，中国国家级环境质量标准实例：

《环境空气质量标准（GB 3095—1996）》；

《地表水环境质量标准（GB 3838—2002）》；

《城市区域环境噪声标准（GB 3096—93）》；

《土壤环境质量标准（GB 15618—1995）》。

（三）环境质量评价

1. 环境质量评价概念

环境质量评价是按照一定的评价标准和评价方法，评估环境质量的优劣，预测环境质量的发展趋势和评价人类活动的环境影响。

2. 环境质量评价分类

（1）按评价环境质量的时间属性，可分为：

① 环境质量回顾评价——利用历史数据对某一区域某一历史阶段环境质量的历史变化进行评价；

② 环境质量现状评价——利用近期的环境监测数据，对区域环境质量现状进行评价；

③ 环境质量影响评价——对区域今后的开发活动将会给环境带来的影响进行评价。

（2）按评价内容所涉及的环境要素，可分为：

① 环境质量综合评价；

② 环境质量单要素评价。

（3）按评价对象所在的区域类型，可分为：

① 行政区域评价；

② 自然地理区域评价。

3. 环境质量评价的意义

环境质量评价是通过了解环境质量的过去、现在和将来的发展趋势及其变化规律，制定综合防治措施与方案。

通过环境质量评价了解和掌握影响本地区环境质量的主要环境因素、污染因子和主要污染源，从而有针对性地制定改善环境质量的污染源治理方案和综合防治规划与计划。

环境质量评价还可以为制定国家或地方的环境标准、法规、条例细则等提供科学依据。

环境质量评价可以进行环境质量的预断预报，编制新建、改建、扩建和挖潜、革新、改造等工程技术项目的环境影响报告书和防治方案，为选址、设计和生产布局提供科学依据，还可用以总结本地区的环保工作，鉴定防治措施的效果、写出年度环境质量报告书，进行不同地区间环境质量的比较，交流情报资料，进行全国环境质量统计，促进环保科研技术的发展以及是否以牺牲水环境质量和人民健康而换取经济发展高速度的损益分析等。

4. 环境质量评价的基本内容

（1）污染源的调查和评价。通过对各类污染源的调查、分析和比较（数量、质量特征，发生、发展规律），找出主要污染物和主要污染源，为污染治理提供科学依据。

（2）环境质量指数评价。用无量纲指数表征环境质量的优劣，有单因子、多因子以及多要素的环境质量综合评价。

（3）环境质量功能评价。就是要确定环境质量状况的功能属性，为合理利用环境资源提供依据。

二、环境影响评价

（一）环境影响

环境影响是指人类活动（经济活动、政治活动和社会活动）导致的环境变化以及由此引起的对人类社会的效应。环境影响概念包括人类活动对环境的作用和环境对人类的反作用两个层次。

1. 环境影响按影响的来源分类

（1）直接影响：指由于人类活动的结果对人类社会或其他环境的直接作用。

（2）间接影响：由直接作用诱发的其他后续结果则为间接影响。

（3）累积影响：当一项活动与其他过去、现在及可以合理预见的将来的活动结合在一起时，因影响的增加而产生的对环境的影响。

2. 环境影响按影响程度分类

（1）可恢复影响。指人类活动造成环境某特性改变或价值丧失后可逐渐恢复到以前面貌的影响。

（2）不可恢复影响。指造成环境的某特性改变或价值丧失后不能恢复的影响。

环境影响评价是指对拟议中的建设项目、区域开发计划或国家政策实施后可能对环境产生的影响（后果）进行的系统性识别、预测和评估，并提出减少这些影响的对策措施。

（二）环境影响评价概念

环境影响评价是指对拟议中的建设项目、区域开发计划或国家政策实施后可能对环境产生的影响（后果）进行的系统性识别、预测和评估，并提出减少这些影响的对策措施。

（三）环境影响评价的目的和作用

环境影响评价的根本目的是鼓励在规划和决策中考虑环境因素，最终达到更具环境相容性的人类活动。环境影响评价的作用是明确开发建设者的环境责任及规定应采取的行动，可为建设项目的工程设计提出环保要求和建议，可为环境管理者提供对建设项目实施有效管理的科学依据。

（四）环境影响评价制度

环境影响评价制度是指把环境影响评价工作以法律、法规或行政规章的形式确定下来从而必须遵守的制度。

我国环境影响评价制度由《中华人民共和国环境保护法》规定为一切建设项目必须遵守的法律制度。

我国《建设项目环境保护管理条例》规定："建设项目对环境可能造成重大影响的，应当编制环境影响报告书，对建设项目产生的污染和对环境的影响进行全面、详细的评价。"

2003年9月1日，《中华人民共和国环境影响评价法》正式实施。

环境影响评价不能代替环境影响评价制度。前者是评价技术，后者是进行评价的法律依据。

环境影响评价制度要求在工程、项目、计划和政策等活动的拟定和实施中，除了传统的经济和技术等因素外，还要考虑环境影响，并把这种考虑体现到决策中去。对于可能显著影响人类环境的重要开发建设行为，必须编写环境影响报告书。

（五）环境影响报告书

环境影响报告书是环境影响评价工作的书面总结。它提供了评价工作中的有关信息和评价结论。评价工作每一步骤的方法、过程和结论都清楚、详细地包括在环境影响报告书中。主要内容有：①

项目概况；② 项目周围环境状况；③ 项目对环境可能造成影响的分析和预测；④ 环境保护措施及其经济、技术论证；⑤ 环境影响经济损益分析；⑥ 对建设项目实施环境监测的建议；⑦ 环境影响评价结论。

（六）环境影响评价的重要性

环境影响评价是强化环境管理的有效手段，在确定经济发展方向和保护环境等一系列重大决策上都有重要作用。具体表现为以下 4 个方面。

（1）保证建设项目选址和布局的合理性。

（2）指导环境保护措施的设计，强化环境管理。

（3）为区域开发的社会经济发展提供导向。

（4）促进相关环境科学技术的发展。

（七）环境影响评价的程序

环境影响评价程序是指按照一定的顺序或步骤指导完成环境影响评价工作的过程。分为管理程序和工作程序。

1. 环境影响评价的管理程序

（1）环境影响评价分类筛选。根据国家环境保护总局“分类管理名录”对建设项目确定其应编制环境影响报告书、报告表或登记表的种类。分类的原则如下：

① 新建或扩建工程对环境可能造成重大不利影响的，应编写环境影响报告书；

② 新建或扩建工程对环境可能造成有限不利影响的，应编写环境影响报告表；

③ 新建或扩建工程对环境不产生不利影响或影响极小的，只编写环境影响登记表。

（2）环境影响评价项目的监督管理：

① 评价单位资格考核与人员培训；

② 评价大纲的审查；

③ 环境影响评价的质量管理；

④ 环境影响报告书的审批。

2. 环境影响评价的工作程序

（1）准备阶段。研究有关部门文件，进行初步的工程分析和环境现状调查，筛选重点评价项目，确定各项环境影响评价的工作等级，编制评价工作大纲。

（2）正式工作阶段。进行工程分析和环境现状调查，进行环境影响预测和评价环境影响。

（3）报告书编制阶段。汇总、分析工作所得到的各种资料、数据，得出结论，完成环境影响报告书的编制。

（八）建设项目环境影响评价

建设项目环境影响评价的工作内容取决于建设项目对环境所产生的影响。不同的工程项目，其具体的工作内容也有所差异。但就评价工作而言，有一个基本内容。

1. 工程分析

工程分析从有可能对环境产生影响角度对工程项目的建设性质、生产规模、原料来源、工艺方法、土地利用、移民安置等进行系统分析，目的是确定主要影响因子，查清其影响的过程及危害特性。工程分析的工作内容应根据工程项目的特征来确定。

2. 工程项目的环境影响分类及其识别

（1）对自然资源价值的影响。主要包括对水、大气、土壤等环境要素的影响。

（2）生态价值的影响。主要指对动植物种类的分布和丰度造成的影响。

（3）美学影响。指工程建设项目对与美感有关事物的作用。

（4）社会经济影响。指工程项目对经济、社会、人类健康和福利产生的直接影响与间接影响。

3. 环境影响预测

环境影响预测是对受人类活动影响的未来的环境状况作出预计或推测，有以下 3 个组成部分。

（1）环境影响预测分析。研究各种可能受影响的环境信息，要回答 4 个问题：预测对象是什么？调查什么？分析什么？怎样预测？

（2）环境影响预测技术。一是定性预测技术——定性分析；二是定量预测技术——因果分析。

（3）环境影响预测应用。运用预测规律来判断未来。环境影响预测是决策科学化的前提。

（九）环境影响评价的公众参与

公众参与是环境影响评价制度中的一项重要内容。2003 年 9 月

1 日实施的《中华人民共和国环境影响评价法》首创性的对公众参与做出了明确规定，保障了公众的合法环境权益。《环境影响评价法》为保障公众参与环境评价提供了法律依据，增加了环保审批的透明度，提高了决策的法制性。

1. 公众参与的含义

环境影响评价中的公众参与是项目方或者环评工作组同公众之间的一种双向交流。其目的是使项目能够被公众充分认同，并在项目实施过程中不对公众利益构成危害或威胁，以取得经济效益、社会效益和环境效益的协调统一。

2. 公众参与在建设项目环境影响评价中的重要性

（1）由于公众的广泛性，建设项目的环境影响评价将由于公众参与而从中听取大量的意见与建议。

（2）公众中有环境问题的直接经历者，他们置身于环境之中，最了解情况，反映问题最真实、最深刻、最有发言权，有助于识别和筛选主要环境影响因素及可能存在的环境影响因素，使决策更加合理。

（3）公众中有人大、政协和政府部门人员，他们熟悉政策法规，又熟悉本行业情况，还可监督政府工作及环境法规的实施，实现发展经济与保护环境的双赢；公众中有专家学者，他们知识丰富，对环境管理的问题有真知灼见，更能确切了解和认知建设项目环境影响评价中的利害关系。

（4）公众参与建设项目环境影响评价不但有利于提高全社会的环境意识和增强法制观念，也可更有利于实施有效的对建设项目环境影响评价的监督权，同时有利于环境影响评价法的进一步完善，也维护了公众的环境权益，使公众们履行了对保护环境的责任和义务。

（5）公众通过参与环评，了解拟建项目的相关情况及其对周围的环境现状和环境发展的影响趋势，可以提高自身环境保护的认识水平，并可通过社交及其他社会活动广为传播，从而带动全民环境意识的提高。弥补环评中可能存在的疏漏，实现公众环保部门信息的双向交流。

三、生态评价

（一）生态评价概述

生态评价也叫生态环境评价，包括生态环境质量评价和生态环境影响评价。

（1）生态环境质量评价。根据选定的指标体系，运用综合评价的方法评定某区域生态环境的优劣，作为环境现状评价和环境影响评价的参考标准，或为环境规划和环境建设提供基本依据。

（2）生态环境影响评价。它是对人类开发建设活动可能导致的生态环境影响进行分析与预测，并提出减少影响或改善生态环境的策略和措施。

（二）生态评价与环境评价

环境评价主要是环境影响评价。环境影响评价是我国一项重要的环境环保制度。一般说来，环境影响评价应当包括生态影响评价在内，但现行环境影响评价以污染评价为主，其生态影响评价的内容不全、深度不够，与实际需要的生态环境影响评价尚有较大差距，而且两者在诸多方面确有不同。

（三）生态环境影响评价的基本原则

1．可持续性原则

生态环境影响评价首先要遵循可持续性原则，保护生存资源，包括土地资源，水资源等可更新的自然资源，使其可以永续利用。另外，还要保护区域生态环境功能，保护生态环境的承载力，使其能够维持人类生存环境。

2．科学性原则

生态环境影响评价还必须遵循生态学的基本原理，即生态环境的层次性、整体性。区域性、特别性和生物多样性保护的优先性。这些都是符合生态环境的特点和变化规律的。以生态学的理论和方法指导生态环境影响评价才能既符合实际，又能深入地解释生态环境影响的原因和特点，才能具有科学性。

3．针对性原则

不同区域的生态环境既有共同具备的共性，也具有特别的个性，因此生态环境评价必须因地制宜，具备针对性。此外不同的开发建设活动对生态环境的影响也各有不同，生态环境影响评价对此也必须具备针对性。

4. 政策性原则

生态环境影响评价要提供国家或地方在决策中的科学依据，因此除应具备科学性，还必须具备政策性，符合国家法规和政策，我国制定和颁布了一系列保护生态环境的法规，还制定并实行了一系列有关的政策。这些法规和政策中都有保护生态环境的条款和内容，都是生态环境影响评价工作的法律和政策依据，是必须遵循的。

5. 协调性原则

生态环境影响评价的面积较大、涉及面宽、综合性强，影响到方方面面。因此，生态环境影响评价必须坚持协调性的原则，做好以下几个方面的协调。

（1）协调生态保护与经济发展的关系。

（2）协调整体利益与局部利益的关系。

（3）协调长远利益与当前利益的关系。

（4）协调各部门之间的关系。

（5）协调区域开发与项目建设的关系。

（6）协调国家政策与市场经济的关系。

（7）协调生态环境的开发与生态补偿的关系。

第三节　环境管理

一、环境管理学概述

环境管理是指依据国家的环境政策、环境法律、法规，从综合决策入手，运用各种有效手段，调控人类的各种行为，协调经济、社会发展同环境保护之间的关系，限制人类损害环境质量的活动以维护区域正常的环境秩序和安全，实现区域社会可持续发展的行为总体。

管理手段包括法律、经济、行政、技术和教育 5 个手段。人类行为按属性分为自然、经济、社会 3 种行为；按管理对象分为决策、生产和消费 3 种行为。

从这一概念出发，可以得出如下结论。

（1）环境管理的目的——维持环境秩序和安全。

（2）环境管理的重点——针对次生环境问题而言的一种管理活动，主要解决人类活动所造成的各类环境问题。

（3）环境管理的核心——是对人的管理。人是各种行为的实施主体，是产生各种环境问题的根源。只有解决人的问题，从人的各种行为入手开展环境管理，环境问题才能得到有效解决。

（4）环境管理的内容包括：对决策行为的管理；对经济行为的管理；对消费行为的管理。

（5）环境管理是国家管理的重要组成部分。

环境管理的目的是通过对可持续发展思想的传播，使人类社会的组织形式、运行机制以至管理部门和生产部门的决策、计划和个人的日常生活等各种活动，符合人与自然和谐相处的原则，并以制度、法律、体制和观念的形式体现出来，创建一种可持续的发展模式和消费模式。环境管理涉及社会领域、经济领域和资源领域在内的所有领域。环境管理的内容非常广泛和复杂，与国家的其他管理工作紧密联系、相互影响和制约，成为国家管理系统的重要组成部分。

二、环境管理的类型

（一）按层次划分

1. 宏观环境管理

所谓宏观环境管理，是指以国家的发展战略为指导，对影响全局的重大决策和各类政策进行科学的评价管理活动。宏观管理的主要内容是决策与政策管理。

2. 微观环境管理

所谓微观环境管理，是指在宏观环境管理指导下，以改善区域环境质量为目的、以污染防治和生态保护为内容、以执法监督为基础的环保部门经常性的管理工作。

微观环境管理的主要内容包括环境规划管理，建设项目环境管理，专项环境管理，环境监督管理，加强指导与服务等内容。

概括地说，宏观环境管理是从综合决策入手，解决发展战略问题，实施主体是国家和地方政府。微观环境管理是从执法监督入手，解决具体的污染防治和生态破坏问题，实施主体是环保部门。这二者之间存在着相互补充的系统关系，其中，宏观管理高度统一，微观管理非常具体；微观管理以宏观管理为指导，是宏观管理的分解和落实；离开宏观管理的指导，微观管理将无法实施；离开微观环境管理，宏观管理的目标也将无法实现。

（二）按范围划分

1. 流域环境管理

这是以特定流域为管理对象，以解决流域环境问题为内容的一种环境管理。根据流域的大小不同，流域环境管理可分为跨省域、跨市域、跨县域、跨乡域的流域环境管理。例如，中国针对淮河流域、太湖流域、辽河流域、长江流域、黄河流域、珠江流域和松花江流域开展的环境管理就是典型的跨省域的流域环境管理，而滇池流域和巢湖流域的环境管理就是省域内的跨市域、跨县域的流域环境管理。

2. 区域环境管理

区域环境管理是以行政区划为归属边界，以特定区域为管理对象、以解决该区域内环境问题为内容的一种环境管理。根据行政区划的范围大小，可分为省域环境管理、市域环境管理、县域环境管理等。又可分为城市环境管理、农业环境管理、乡镇环境管理、经济开发区环境管理、自然保护区环境管理等。

3. 行业环境管理

行业环境管理是一种以特定行业为管理对象，以解决该行业内环境问题为内容的一种管理。由于行业不同，行业环境管理可分为几十种类型。如钢铁行业、电力行业、冶金工业、化工行业、建材行业、医药行业、造纸行业、酿造行业、印染行业、交通部门、服务行业环境管理等。

4. 部门环境管理

部门环境管理是以具体的单位和部门为管理对象，以解决该单位或部门内的环境问题为内容的一种环境管理。如企业环境管理就是一种部门环境管理。

（三）按属性划分

1. 资源环境管理

资源环境管理是指依据国家资源政策，以资源的合理开发和持续利用为目的，以实现可再生资源的恢复与扩大再生产、不可再生资源的节约使用和替代资源的开发为内容的环境管理。例如流域环境管理就是一种典型的资源环境管理。

2. 质量环境管理

质量环境管理是一种以环境质量标准为依据，以改善环境质量为目标，以环境质量评价和环境监测为内容的环境管理。这种管理是一种标准化的环境管理。

所以，开展这种类型的环境管理在完全法制化国度里容易实施，而在发展中国家由于受到经济发展水平和科技发展水平等因素的制约和影响，实践性较差。

3. 技术环境管理

技术环境管理是一种通过制定环境技术政策、技术标准和技术规程，以调整产业结构、规范企业的生产行为、促进企业的技术改革与创新为内容，以协调技术经济发展与环境保护关系为目的的环境管理。从广义上讲，环境保护技术可分为环境工程技术（具体包括污染治理技术、生态保护技术）、清洁生产技术、环境预测与评价技术、环境决策技术、环境监测技术等方面。技术环境管理要求有比较强的程序性、规范性、严谨性和可操作性。

（四）按工作领域划分

1. 计划环境管理

计划环境管理是依据规划或计划而开展的环境管理。这是一种超前的主动管理，也称为环境规划管理。

2. 建设项目环境管理

建设项目环境管理是一种依据国家的环保产业政策、行业政策、技术政策、规划布局和清洁生产工艺要求，以管理制度为实施载体，以建设项目为管理内容的一类环境管理。建设项目包括新建、扩建、改建和技术改造项目四类。

3. 环境监督管理

环境监督管理是从环境管理的基本职能出发，依据国家和地方政府的环境政策、法律、法规、标准及有关规定对一切生态破坏和环境污染行为以及对依法负有环境保护责任和义务的其他行业和领域的行政主管部门的环境保护行为依法实施的监督管理。

以上分类方法是否科学和能否让所有的人普遍认可，属于分类方法学的范畴，不在本书的研究范围。

（五）按意愿划分

1. 指令性环境管理

指令性环境管理具有强制性特点，是以有关环境法律、法规和标准为依据，在不尊重主观意愿的前提下管理主体对管理客体实施的管理。这种管理方式对控制环境恶化，解决短期内的环境问题起到了很好的作用。

2. 自愿协议式环境管理

自愿协议式环境管理是各类行为主体在遵守国家环境法律法规的前提下为进一步改进其环境状况的一种主动承诺，具有非强制性特点。

三、环境管理的特点

环境管理是国家管理的重要组成部分，这就决定了环境管理的性质是国家意志的体现，是政府行为。作为各级地方政府的组成机构，各级环境保护行政主管部门应当在同级人民政府的领导下，依据国家的环境政策、法律、法规和标准，代表国家行使政府职能，对人们的各类行为进行综合管理，以维护区域正常的环境秩序和安全。

因此说，环境管理具有行政管理的权威性、强制性、区域性、综合性、社会性和决策的非程序化等特点。

（一）环境管理的权威性

表现为环境保护行政主管部门代表国家和政府开展环境管理工作，行使环境保护的权力和职能，政府其他部门要在环保部门的统一监督管理之下履行国家法律所赋予的环境保护责任和义务。

（二）环境管理的强制性

表现为在国家法律和政策允许的范围内为实现环境保护目标所采取的强制性对策和措施。例如，关闭“十五小”、污染限期治理等，就是根据国家的环保产业政策、环保行业政策、环保技术政策，为实现经济增长方式转变所采取的强制性措施。

（三）环境管理的区域性

中国的地域广阔，各地情况差异很大。从地理位置上看是“西高东低”，但从经济发展水平和人们的环境意识上看却是“东高西低”。环境管理的区域性特点告诉我们，开展环境管理要从国情、省情、地情出发，既要强调全国的统一化管理，又要考虑区域发展的不平衡性，防止简单化，不搞“一刀切”。既不能盲目照搬国外先进的管理经验，又不能盲目推广国内个别地区的管理做法。既不能按照东部沿海地区的发展模式来发展中、西部地区的经济，又不能完全按照东部沿海地区环境保护的标准和要求来推进中、西部地区的环境保护工作。开展环境管理工作，要从实际情况出发，制定有针对性的环境保护目标和环境管理的对策与措施。

（四）环境管理的综合性

环境管理的综合性是区别于一般行政管理的主要特点之一。在实际环境管理工作中，既要充分发挥环境保护部门的职能和作用，又要动员全社会的力量，极大地调动社会各阶层及政府各部门的环境保护积极性，实施分工合作、综合协调、综合管理。

（五）环境管理的社会性

保护环境就是保护人的环境权和生存权。所以，环境保护是全社会的责任与义务，涉及每个人的切身利益，开展环境管理除了专业力量和专门机构外，还需要社会公众的广泛参与。这意味着一方面要加强环境保护的宣传教育，提高公众的环境意识和参与能力。另一方面要建立健全环境保护的社会公众参与和监督机制，这是强化环境管理的两个重要条件。

培养公众具有较强的环境意识和参与能力是做好环境保护工作的社会基础。离开了这个社会基础，环境保护事业将一事无成。有了这个社会基础，才能更好的发挥环境保护部门执法监督的职能。

实践证明，环境管理离不开强有力的监督，而来自于社会公众“自下而上”的监督远大于来自于政府“自上而下”的监督。为做到这一点，提高社会公众的环境意识和建立健全环境保护的社会公众参与和监督机制是非常重要的，也是推进国家环境保护事业的一项紧迫任务。

（六）环境决策的非程序化特点

一般行政管理具有决策的程序化特点，对于重复出现的问题可采用固定的程序来决策、来解决。而环境管理中的决策大多数表现为新颖、无结构、具有非寻常的、非重复的例行状态和不寻常的影响。这是因为每一个环境问题的产生都具有非例行、非寻常状态，每一个环境问题的处理和解决的程序与方案都无法预先设定。因此，环境决策具有明显的非程序化特点，这是环境管理与一般行政管理的另一个重要区别。

四、环境管理的手段

所谓环境管理手段是指为实现环境保护目标，管理主体针对客体所采取的必需、有效的手段。根据各种手段在环境管理中的作用与功能的大小可依次分为法律手段、经济手段、行政手段、技术手段和教育手段。

（一）法律手段

法律手段是指管理者代表国家和政府，依据国家环境法律、法规所赋予的，并受国家强制力保证实施的、对人们的行为进行管理以保护环境的手段。法律手段是环境管理的一个最基本的手段，是其他手段的保障和支撑，通常亦称为“最终手段”。

（二）经济手段

经济手段是指管理者依据国家的环境经济政策和经济法规，运用经济杠杆和市场经济理论来调节各方面的经济利益关系，规范人们各类行为的手段。

环境管理的经济手段可分为宏观经济手段和微观经济手段两种。

（1）宏观管理的经济手段，它是指国家运用价格、税收、信贷、保险等经济政策来引导和规范各种经济行为主体的微观经济活动，为满足环境保护要求，把微观经济活动纳入到国家宏观经济可持续发展的轨道上来的手段。

（2）微观管理的经济手段，它是指管理者运用征收排污费、污染赔款和罚款、押金制等经济措施来规范经济行为主体的经济活动，引导和强化企业内部的自主管理，促进污染防治和生态保护的手段。

（三）行政手段

行政手段是指在国家法律监督之下，各级行政管理机构运用国家和地方政府授予的行政权限开展环境管理的手段。例如，对那些违反环境保护法律和法规的行为进行警告，对擅自拆除或闲置环境保护设施的行为责令重新安装使用，对污染严重又难以治理的企业，责令停业、责令关闭、责令拆迁或限期整改等就是环境管理中的行政手段。行政手段是行政管理的基本手段。

（四）技术手段

技术手段是指管理者为实现环境保护目标所采取的污染防治、生态治理、环境监测、环境评价等技术，以达到减少污染和破坏，改善环境质量的手段。

环境管理的技术手段可分为宏观和微观两种。

1. 宏观管理技术手段

环境管理的宏观技术手段属于决策技术的范畴，是一类“软技术”。它是指管理者为开展宏观管理所采用的各种定量化、半定量化以及程度化的分析技术。这类技术包括环境预测技术、环境评价技术和环境决策技术，如图 8-1 所示。

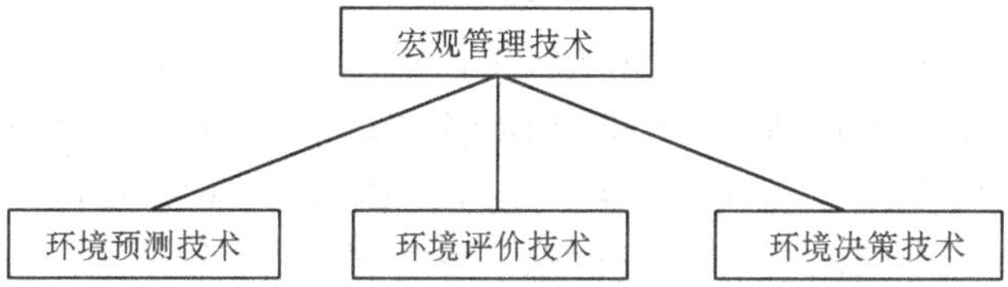

图 8-1　宏观管理技术手段

2. 微观管理技术手段

环境管理的微观技术手段属于应用技术的范畴，是一类“硬技术”。它是指管理者运用各种具体的环境保护技术来规范各类经济行为主体的生产与开发活动，对企业生产和资源开发过程中的污染防治和生态保护活动实施全过程控制和监督管理的手段。

按照环境保护技术的作用来划分，微观管理技术可分为预防技术、治理技术和监督技术 3 类。预防技术包括污染预防技术和生态预防技术；治理技术包括污染治理技术和生态治理技术；监督技术包括常规监测技术和自动监控技术，如图 8-2 所示。

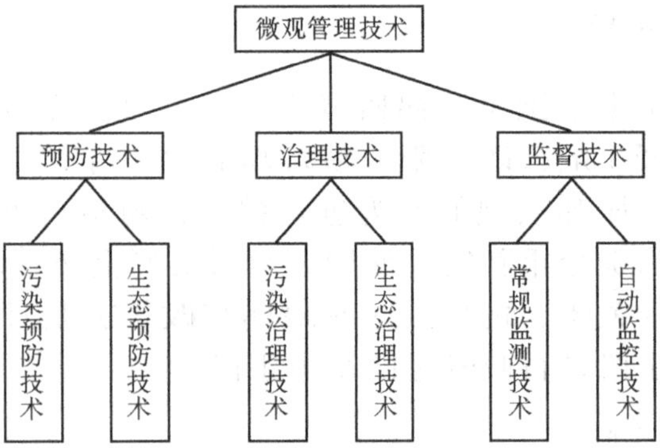

图 8-2　按作用划分的微观管理技术手段

（五）教育手段

教育手段是指以各种形式开展环境保护的宣传教育以增强人们的环境意识和环境保护专业知识的手段。环境教育包括学历环境教育、基础环境教育、公众环境教育和成人环境教育 4 种形式和内容。

例如，以高等院校为主体培养专业环境保护人才的教育就是学历或专业环境教育。各类大、中、小学所开展的环境保护科普宣传教育就是环境基础教育。结合“6·5”世界环境日、世界地球日、世界水日等重大节日以及国家重大环境保护行动，通过新闻报道和社会舆论宣传，面对社会公众所开展的不同形式和内容的环境教育就是公众环境教育。环境保护在职岗位培训教育或继续教育就是成人环境教育。这四者相互补充、相互促进，构成了环境教育的全部内容。

处于污染治理阶段的国家把污染防治的任务摆在首位，急需污染治理的专业人才和技术，专业环境教育必然处于优先发展的地位。中国是全球专业环境教育发展最快的国家之一，到目前为止，几乎所有的高校都开设了各类环境专业。快速发展的专业环境教育是与国家环境保护处于初级阶段相适应的。

五、环境管理的职能

管理职能就是管理的职责与功能。这种职责与功能贯穿于环境管理工作的全过程。环境管理是一种兼具科学性、艺术性的社会活动。其活动形式表现为通过计划、组织、协调、监督而达到既定目标的过程。因此，环境管理可分为 4 个基本职能：计划职能、组织职能、协调职能和监督职能。另外，为了正确处理经济建设与环境保护的对立统一关系，环境管理还具有指导与服务两个辅助职能。

（一）计划职能

计划职能是环境管理的首要职能。所谓计划职能，是指对未来的环境管理目标、对策和措施进行规划和安排。也就是在开展环境管理工作或行动之前，预先拟定出具体内容和步骤，它包括确立短期和长期的管理目标，以及选定实现管理目标的对策和措施。

环境保护计划按计划期限的长短可以分为长期计划、中期计划和短期计划 3 种。

十年以上的计划属于长期计划，五年计划属于中期计划，环境保护的中期计划也称为中期环境规划。例如，国家和各级地方政府制定的“十一五”环境保护计划就是中期计划。

（二）组织职能

所谓环境管理的组织职能是指为了实现环境管理目标，对人们的环境保护活动进行合理的分工和协作，合理配备和使用各种资源，协调和动员社会各方面的力量，正确处理人际关系和调整社会各阶层的经济利益关系的职能。为了实现环境管理目标和计划，必须要有组织保证，必须对管理活动中的各种要素和人们在管理活动中的相互关系进行合理的组织。

因此，环境管理的组织职能包括两大方面：内部组织职能；外部组织职能。

环境管理的内部组织职能也是环境保护部门内部组织职能。按照一般管理学中的动态组织设计原则，即按照职权和知识相结合的原则、集权与分权相平衡的原则、弹性结构原则来优化管理系统的组织职能。

环境管理的外部组织职能也称为环境保护部门的外部组织职能。如何有效发挥环境管理的外部组织职能，一般管理学无法提供现成的答案。在环境管理的组织职能中，外部组织职能是第一位的，内部组织职能是第二位的。环境管理学所面对的理论和实践两大问题，需要通过环境管理体制改革加以解决。

（三）监督职能

监督作为一种管理职能是普遍存在的，是环境管理活动中一个最基本、最主要的职能。也是环境保护行政主管部门的一种基本管理职能。

按照监督的功能划分，监督包括内部管理监督和外部管理监督两种。

内部管理监督是管理组织的自身监督。主要指环境管理部门从执法水平和执法规范两个方面开展的系统内部的监督。通过内部监督来加强环保执法队伍的自身建设，提高环境执法人员的政策和执法水平。

外部管理监督是管理组织对被管理者实施的监督。主要指环境管理部门依据国家的环境法律、法规、标准以及行政执法规范对一切经济行为主体以及行政主管部门开展的环境监督。通过这种监督落实各经济行为主体以及行政主管部门的环境责任和环境保护措施，确保遵守国家环境法律、法规和标准，做好污染预防和治理工作，改善区域环境质量。内部监督和外部监督是强化环境管理的两个重要方面，缺一不可。其中，外部监督是环境保护部门开展环境管理的主要监督内容和形式。

（四）协调职能

协调是环境管理的一个重要职能。所谓协调职能是指在实现管理目标的过程中协调各种横向和纵向关系及联系的职能。协调职能与监督职能的关系非常密切，强化监督管理离不开协调。

从宏观上讲，环境管理就是要协调环境保护与经济建设和社会发展的关系，实现国家的可持续发展。从微观上讲，环境管理就是要协调社会各个领域、各个部门、不同层次人的各种需求和经济利益关系，以适应环境准则。环境管理涉及范围广、综合性强，需要各部门分工合作，各尽其责。因此，协调已成为环境管理者的重要任务。不论是环境机构的组织内部管理，还是环境机构组织的外部管理，都需要协调。

（五）指导职能

指导职能是指环境管理者在实现管理目标的过程中对有关部门具有的业务指导职能。指导职能包括纵向和横向指导两个方面：纵向指导是指上级环境管理部门对下级环境管理部门的业务指导；横向指导是指在同一政府领导下的环境管理部门对同级其他相关部门开展环境保护工作的业务指导。

（六）服务职能

服务职能是从指导职能中派生出来的一个职能。加强环境监督管理，服务必须到位，这是新形势下对环境管理提出的新要求。从广义上讲，“管理就是服务”，环境管理工作要服务于经济建设的大局。从狭义上讲，环境管理中有许多需要为经济部门和企业提供服务的内容。包括：污染防治技术咨询服务，环境法律、政策咨询服务，清洁生产咨询服务，ISO 14000 环境管理标准体系咨询服务等内容。

六、中国的环境管理体系与制度

（一）我国环境管理行政机构

目前，我国的环境管理行政机构体系包括国家、省、市、县、镇（乡）5级。

国家环境保护部是国家一级环境管理行政机构。该部设办公厅、规划财务司、政策法规司、行政体制与人事司、科技标准司、污染物排放总量控制司、环境监测司、污染防治司、自然生态保护司、核安全管理司、环境影响评价司、环境监察局、国际合作司、宣传教育司等职能机构。

各省（自治区、直辖市）环境保护局的机构设置与国家环境保护部基本相应，地、市级和县级环境保护行政主管部门的内设机构简化，乡、镇级常为下设的环保办公室。其他的国家机关就各自的业务范围设置相应的环境与资源保护部门。

（二）我国环境管理的基本制度

1. 环境影响评价制度

环境影响评价是指对规划和建设项目实施后可能造成的环境影响进行分析、预测和评估，提出预防或者减轻不良环境影响的对策和措施，进行跟踪监测的方法与制度。

2. “三同时”制度

“三同时”制度系指所有新建、改建、扩建项目，其防治污染设施必须与主体工程同时设计、同时施工、同时投入运行。

“三同时”制度是我国首创的。它是在总结我国环境管理的实践经验基础上，被我国法律所确认的一项重要的控制新污染源的法律制度。

3. 排污收费制度

排污收费制度系指对排放污染物的工矿企业事业单位征收排污费，用于污染的治理。这项制度是运用经济手段有效地促进污染治理和新技术的发展，使污染者承担污染防治费用的法律制度，是“污染者付费”环境政策的具体体现。

例如1984年《中华人民共和国水污染防治法》第15条作出了“向水体排放污染物的，按照国家规定缴纳排污费，超过国家或者地方规定的污染物排放标准的，按照国家规定缴纳超标准排污费”的规定，即凡向水体排放污染物，超标或不超标都要收费。

2000年4月第二次修订后颁布的《中华人民共和国大气污染防治法》第48条作出了“超标者处10万元以下罚款，并限期治理”的规定。

4. 环境保护目标责任制

环境保护目标责任制规定了各级政府行政首长应对当地的环境质量负责，企业的领导人对本单位污染防治负责，并确定他们在任期内环境保护的任务目标，列为政绩进行考核。环境保护目标责任制被认为是八项环境管理的龙头制度。

5. 城市环境综合整治定量考核制度

城市环境综合整治定量考核制度是对城市实行综合整治的成效、城市环境质量，制定量化指标进行考核，每年评定城市各项环境建设与环境管理的总体水平。这项制度是城市政府统一领导负总责，有关部门各司其职、分工负责，环保部门统一监督的管理制度。

综合整治的概念最早是在1984年《中共中央关于经济体制改革的决定》中提出来的。1985年，在河南洛阳召开的第一次全国城市环境保护工作会议上，确定了我国城市环境保护工作的发展方向——综合整治。

2003年，国家环保总局发布了《关于印发〈生态县、生态市、生态省建设指标（试行）〉的通知》，在全国各地掀起了创建生态县、生态市和生态省的高潮，标志着我国城市综合整治进入了新的发展阶段。

6. 排污许可证制度

对环境有不良影响的各种规划、开发、建设项目、排污设施或经营活动，其建设者或经营者，需要事先提出申请，经主管部门审查批准，颁发许可证后才能从事该项活动，这就是许可证制度。包括排污申报登记制度和排污许可证制度两个方面以及排污申报，确定污染物总量控制目标和分配排污总量削减指标，核发排污许可证，监督检查执行情况等四项内容。这是一项与我国污染物排放总量控制计划相匹配的环境管理制度。

7. 污染集中控制制度

污染集中控制方式是针对分散控制的问题，改变过去一家一户治理污染的做法，把有关污染源汇总在一起，经分析比较，进行合理组合，在经济效益、环境效益和社会效益优化的前提下，采取集中处理措施的污染控制方式。实践证明，推行集中控制，有利于使有限的环保投资获得最佳的总体效益。

8. 其他环境管理制度

包括污染物排放总量控制制度；污染事故报告与处理制度；现场检查制度；污染强制淘汰制度；地方性环境预审制度；环境标志制度。

第四节 环境保护法

一、环境保护法概述

环境保护法是指调整因保护和改善环境、合理利用自然资源、防治污染和其他公害而产生的社会关系的法律规范的总称。

环境保护实质上就是环境管理，其主要手段是行政、经济、科学技术、宣传教育和法律手段等。因为法律手段较为有效，所以说环境保护法是环境管理中较为有效的手段。

环境保护法的任务：一是保护和改善生活环境与生态环境、合理利用自然资源；二是防治环境污染和造成其他公害。

二、我国环境保护法体系

目前，在中国已初步形成了由国家宪法、环境保护基本法、环境保护单行法、环境保护相关法、地方环境法律法规、环境保护标准以及环境保护国际公约协定等组成的环境保护法律体系，这是强化环境监督管理的根本保证，如图 8-3 所示。

- 宪法—环境保护基本法
  - 中华人民共和国环境保护法
  - 环境保护单行法
    - 海洋环境保护法
    - 水污染防治法
    - 大气污染防治法
    - 固体废物污染环境防治法
    - 噪声污染防治法
    - 环境影响评价法
    - 放射性污染防治法
    - 清洁生产促进法
  - 环境保护相关法
    - 森林法
    - 草原法
    - 矿产资源法
    - 水法
    - 水土保持法
    - 土地管理法
    - 野生动物保护法
    - 渔业法
    - 节约能源法
    - 防沙治沙法
    - 煤炭法
  - 环保行政法规
  - 地方环境法律法规
    - 省级（自治区、直辖市）环境法规条例
    - 市级环境法规条例
  - 环境保护标准
    - 环境质量标准
    - 污染物排放标准
    - 污染物测定方法标准
    - 样品标准
    - 基础标准
    - 环境管理系列标准
  - 环保国际公约协定
    - 保护臭氧层公约
    - 生物多样性公约
    - 气候变化框架公约
    - 湿地保护公约
    - 巴塞尔公约
    - 环境污染国家责任法
    - 关于环保国际合作的法律

图 8-3　中国环境保护法律体系

（一）宪法中的环境保护规范

宪法在一个国家法律体系中处于最高位阶，它是一个国家的根本大法。1982 年《中华人民共和国宪法》26 条规定："国家保护和改善生活环境和生态环境，防治污染和其他公害。"这一规定是国家对环境保护的总政策，说明了环境保护是国家的一项基本职责。此外，我国宪法第 9 条、第 10 条、第 22 条、第 26 条中对自然资源和一些重要的环境要素的所有权及其保护也作出了许多的规定。宪法为我国的环境保护活动和环境立法提供了指导原则和立法依据。

（二）环境保护基本法

我国在 1979 年制定了第一部综合性环境基本法《环境保护法（试行）》；1989 年颁布了《中华人民共和国环境保护法》，这部新的综合性环境基本法在环境保护的重要问题上都作了相应的规定。其主要内容包括：第一章总则、第二章环境监督管理、第三章保护和改善环境、第四章防治环境污染和其他公害、第五章法律责任、第六章附则，共 47 条。

（三）环境资源单行法

目前，我国已颁布的环境保护单行法 8 部。资源保护单行法可分为土地利用规划法、自然资源保护法、自然保护法三类。

（四）国家其他法律有关环境保护的规定

1. 刑 法

1997 年 3 月 14 日，第八届全国人民代表大会第五次会议通过了《中华人民共和国刑法》（修订案）。新修订的刑法第六章第六节专门规定了破坏环境资源保护罪，具体规定了 12 种破坏环境资源保护罪。

2. 行政法

依照宪法原则而制定的并涉及环境管理范畴的行政法律，如《中华人民共和国民法通则》《中华人民共和国农业法》《中华人民共和国企业法》《中华人民共和国乡镇企业法》《中华人民共和国对外贸易法》《中华人民共和国标准化法》《中华人民共和国行政处罚法》《中华人民共和国文物保护法》《中华人民共和国公共卫生法》《中华人民共和国食品卫生法》等有关环境保护的条款。

（五）国家行政部门制定的各种环保法令、法规和条例

国务院有关部委根据环境保护的具体对象而制定的各种环保专

门性法令、法规、条例和决定，是我国环境保护法规体系的有机组成部分。例如《国务院关于结合技术改造防治工业污染的几项规定》《国务院关于环境保护工作的决定》《国务院关于加强乡镇、街道企业环境管理的规定》《国务院关于环境保护若干问题的决定》，以及《医疗废物管理条例》《危险化学品安全管理条例》等。这些法令、法规、条例和决定，具有国家行政强制力，而且针对性和操作性都较强，对我国环境规划与管理走上法制轨道起到了重要的推动作用。

（六）环境保护地方法规

地方法规是各省、自治区、直辖市根据我国环境法律或法规，结合本地区实际情况而制定并经地方人大审议通过的法规。

地方法规突出了环境管理的区域性特征，有利于因地制宜地加强环境管理，是我国环境保护法规体系的组成部分。

国家已制定的法律法规，各地可以因地制宜地加以具体化。国家尚未制定的法律法规，各地可根据环境管理的实际需要，制定地方法规予以调整。

（七）签署并批准的国际环境公约

我国积极开展环境外交，参与各项重大的国际环境事务，在国际环境与发展领域中发挥着越来越大的作用。1980 年以来，我国政府已签署并批准了 37 个国际环境保护公约，如《维也纳公约》《气候变化框架公约》《生物多样性公约》等，并在全球、区域和双边环境合作中不断取得进展。签署并批准的国际环境公约和协定，具有法律效力，负有相应的国际义务，因而也应归入我国环境法规的体系。

参考文献

[1] 环境科学编辑委员会. 中国大百科全书：环境科学［M］. 北京：中国大百科全书出版社，2002.

[2] 刘培桐. 环境学概论［M］. 北京：高等教育出版社，1995.

[3] 杨志峰，刘静玲. 环境科学概论［M］. 北京：高等教育出版社，2004.

[4] 左玉辉. 环境学［M］. 北京：高等教育出版社，2002.

[5] 钱易，唐孝炎. 环境保护与可持续发展［M］. 北京：高等教育出版社，2000.

[6] 教育部高等教育司，叶文虎. 可持续发展引论［M］. 北京：高等教育出版社，2001.

[7] 林肇信，刘天齐，刘逸农. 环境保护概论［M］. 修订版. 北京：高等教育出版社，1999.

[8] 刘天齐. 环境保护概论［M］. 北京：高等教育出版社，1999.

[9] 叶平，武高辉. 科学技术与可持续发展［M］. 北京：高等教育出版社，2004.

[10] 李训桂. 环境与可持续发展［M］. 北京：高等教育出版社，2004.

[11] Tyler G，Miller Jr. 人与环境［M］. 13 版，影印版. 北京：高等教育出版社，2004.

[12] 盛连喜，冯江，王娓. 环境生态学导论［M］. 北京：高等教育出版社，2002.

[13] 戴树桂. 环境化学［M］. 北京：高等教育出版社，1997.

[14] 蒋展鹏. 环境工程学［M］. 2 版. 北京：高等教育出版社，2005.

[15] 李博，杨持，林鹏. 生态学［M］. 北京：高等教育出版社，2002.

[16] 张天柱. 清洁生产［M］. 北京：高等教育出版社.

[17] 广州大学，广州市环境保护宣传教育中心. 泰坦软件系统有限公司可持续发展与环境保护编［M］. 北京：高等教育出版社，2002.

[18] 何品晶，邵立明. 固体废物管理［M］. 北京：高等教育出版社，2004.

[19] 高廷耀，顾国维. 水污染控制工程［M］. 2 版. 北京：高等教育出版社，1999.

[20] 郝吉明，马广大. 大气污染控制工程［M］. 2 版. 北京：高等教育出版社，2002.
[21] 芈振明. 固体废物的处理与处置［M］. 修订版. 北京：高等教育出版社，2002.
[22] 洪宗辉. 环境噪声控制工程［M］. 北京：高等教育出版社，2002.
[23] 王焕校. 污染生态学［M］. 2 版. 北京：高等教育出版社，2002.
[24] 教育部高等教育司. 可持续发展引论［M］. 北京：高等教育出版社，2001.
[25] 徐新华，吴忠标，陈红. 环境保护与可持续发展［M］. 北京：化学工业出版社，2000.
[26] 尹奇德. 环境与生态概论［M］. 北京：化学工业出版社，2007.
[27] 黄润华，贾振邦. 环境学基础教程［M］. 北京：高等教育出版社，1999.
[28] 王革华. 新能源概论［M］. 北京：化学工业出版社，2006.
[29] 王革华，等. 能源与可持续发展［M］. 北京：化学工业出版社，2005.
[30] 陈亢利，钱先友，许浩瀚. 物理性污染与防治［M］. 北京：化学工业出版社，2006.
[31] 张振家. 环境工程学基础［M］. 北京：化学工业出版社，2006.
[32] 王寿兵，吴峰，刘晶茹. 产业生态学［M］. 北京：化学工业出版社，2006.
[33] 张辉. 土壤环境学［M］. 北京：化学工业出版社，2006.
[34] 田京城，缪娟. 环境保护与可持续发展［M］. 北京：化学工业出版社，2005.
[35] 夏军，黄国和，庞进武，等. 可持续水资源管理：理论·方法·应用［M］. 北京：化学工业出版社，2005.
[36] 鞠美庭. 环境学基础［M］. 北京：化学工业出版社，2004.
[37] 张宝杰，乔英杰，赵志伟. 环境物理性污染控制［M］. 北京：化学工业出版社，2003.
[38] 盛连喜. 现代环境科学导论［M］. 北京：化学工业出版社，2002.
[39] 陈广庭. 土地荒漠化［M］. 北京：化学工业出版社，2002.
[40] 刘静玲. 人口、资源与环境［M］. 北京：化学工业出版社，2001.
[41] 北京水环境技术与设备研究中心，北京市环境保护科学研究院，国家城市环境污染控制工程技术研究中心. 三废处理工程技术手册：废水卷［M］. 北京：化学工业出版社，2002.
[42] 北京水环境技术与设备研究中心，北京市环境保护科学研究院，国家城

市环境污染控制工程技术研究中心. 三废处理工程技术手册：废气卷［M］. 北京：化学工业出版社，2002.
［43］ 北京水环境技术与设备研究中心，北京市环境保护科学研究院，国家城市环境污染控制工程技术研究中心. 三废处理工程技术手册：固废卷［M］. 北京：化学工业出版社，2002.
［44］ 李冠兴，武胜. 核燃料［M］. 北京：化学工业出版社，2007.
［45］ 日本能源学会. 生物质和生物能源手册［M］. 北京：化学工业出版社，2007.
［46］ 田德旺，朱捷. 环境与发展导论［M］. 北京：中国环境科学出版社，1997.
［47］ 张坤民. 可持续发展论［M］. 北京：中国环境科学出版社，1997.
［48］ 中国环境与发展国际合作委员会，中共中央党校国际战略研究所. 中国环境与发展：世纪挑战与战略抉择［M］. 北京：中国环境科学出版社，2006.
［49］ 曹凤中，金鉴明，周国梅. 环境与可持续发展［M］. 北京：中国科学技术出版社，1999.
［50］ 解振华. 为了人与自然的和谐：上　中　下［M］. 北京：中国环境科学出版社，2006.
［51］ 孔繁德. 生态保护概论［M］. 北京：中国环境科学出版社，2006.
［52］ 何强，等. 环境学导论［M］. 北京：清华大学出版社，1994.
［53］ Eldon D，Bradley F. 环境科学：交叉关系学科［M］. 9 版. 北京：清华大学出版社，2004.
［54］ 钱俊生，骆建华. 环境、资源、人口与可持续发展［M］. 北京：党建读物出版社，2000.
［55］ 马光，等. 环境与可持续发展导论［M］. 北京：科学出版社，2000.
［56］ 孙铁珩，等. 污染生态学［M］. 北京：科学出版社，2001.
［57］ 蔡晓明. 生态系统生态学［M］. 北京：科学出版社，2000.
［58］ 北京市科学技术委员会. 可持续发展词语释义［M］. 北京：学苑出版社，1998.
［59］ 胡筱敏，王子彦. 环境导论［M］. 沈阳：东北大学出版社，2000.
［60］ 夏华龙，姚华军，石东平. 可持续发展与资源利用［M］. 武汉：中国地质大学出版社，1998.
［61］ 孙儒林. 动物生态学原理［M］. 北京：北京师范大学出版社，1992.
［62］ 李爱贞. 生态保护概论［M］. 北京：气象出版社，2006.
［63］ 杨云彦. 人口、资源与环境经济学［M］. 北京：中国经济出版社，

2000.
[64] 张宝杰. 城市生态与环境保护 [M]. 哈尔滨：哈尔滨工业大学出版社，2002.
[65] 刘俊肖. 环境与自然资源保护法学 [M]. 北京：中国水利水电出版社，2006.
[66] 张新民. 空气污染学 [M]. 3 版. 天津：天津大学出版社，2006.
[67] 李长松，等. 中国生物多样性及其保护 [J]. 中国科技信息，2005 (11)：55.
[68] 李景侠，等. 中国生物多样性面临的威胁及保护对策 [J]. 西北农林科技大学学报：自然科学版，2003 (5)：158-162.
[69] 武青艳，等. 我国农村生态环境问题探析 [C]. "中国工程技术哲学的繁荣与东北老工业基地振兴" 高峰论坛暨辽宁省自然辩证法研究会 2005 年年会，2005.
[70] 陈继红，等. 浅析城市生态系统特征 [J]. 国土与自然资源研究，2004 (4)：56-57.
[71] 陈作贵，等. 中国的人口与环境问题 [J]. 江西师范大学学报：自然科学版，1995 (4)：281-284.
[72] 王文兴，等. 土壤污染物来源及前沿问题 [J]. 生态环境，2005 (1)：1-5.
[73] 骆永明，等. 我国土壤污染退化状况及防治对策 [J]. 土壤，2006 (5)：505-508.
[74] 卜元卿，等. 环境中二噁英类化合物的生态和健康风险评估研究进展 [J]. 土壤，2007 (2)：190-195.
[75] Paustenbach D J. The U. S. EPA Science Advisory Board Evaluation (2001) of the EPA dioxin reassessment [J]. Regulatory Toxicology and Pharmacology，2002，36 (2)：211-219.
[76] WHO. Dioxins and their effects on human health. World Health Organization，Fact Sheet no 225. http：//www. who. int/inf-fs/en/fact225. html：June 1999. effects on human health.
[77] 李健娜，等. 我国水土流失的成因、危害与防治研究 [C]. 首届长三角科技论坛：生态环境与可持续发展分论坛，2004.
[78] 张凤荣. 大陆沙漠化状况、成因及其防治对策 [C]. 土地利用与城乡发展：2000 海峡两岸土地学术研讨会，2000.
[79] 王小芳，等. 从我国水资源的现状论水污染治理的策略 [J]. 天水师范学院学报，2004 (5)：41-43.

[80] 张召文. 浅谈室内空气污染和防治 [J]. 环境科学导刊, 2003 (S1): 50-51.
[81] 孙跃跃, 等. 农村固体废弃物处理现状及对策分析 [J]. 农业环境与发展, 2007 (4): 88-90.
[82] 胡春华, 等. 固体废弃物资源的综合利用及管理探讨 [J]. 环境科学与技术, 2005 (S2): 65-66.
[83] 于萍萍, 等. 水资源现状分析及保护对策的研究 [J]. 资源环境与发展, 2006 (2): 21-27.
[84] 石晓亮, 等. 放射性污染的危害及防护措施 [J]. 工业安全与环保, 2004 (1): 6-9.
[85] 钱卫萍, 等. 光污染环境防治探讨 [J]. 环境科学与管理, 2006 (1): 100-101.
[86] 张雪峰, 等. 电磁污染的危害和防护 [J]. 包头钢铁学院学报, 2003 (2): 189-192.
[87] Silvertown J W. Introduction to plant population ecology [M]. London: Longman Inc., 1982.
[88] 世界环境与发展委员会. 我们共同的未来 [M]. 王之佳, 等译. 长春: 吉林人民出版社, 2005.
[89] 孟庆瑜. 自然资源法基本问题研究 [M]. 北京: 中国法制出版社, 2006.
[90] 周永康. 资源与环境知识读本 [M]. 北京: 地质出版社, 2000.
[91] 蔡运龙. 自然资源学原理 [M]. 北京: 科学出版社, 2007.
[92] 鲁传一. 资源与环境经济学 [M]. 北京: 清华大学出版社, 2004.
[93] 蔡运龙. 人口、资源与环境 [M]. 北京: 人民教育出版社, 2008.
[94] 王敬国. 资源与环境概论 [M]. 北京: 中国农业大学出版社, 2000.
[95] 林爱文. 资源环境与可持续发展 [M]. 武汉: 武汉大学出版社, 2005.